Sandra Fabricius

Lerntagebücher im Mathematikunterricht

Wie Kinder in der Grundschule auf eigenen Wegen lernen

Elisabeth Rathgeb-Schnierer,
Sybille Schütte (Hrsg.)

Oldenbourg

Oldenbourg Fortbildung

Das Papier ist aus chlorfrei gebleichtem Zellstoff hergestellt, ist säurefrei und recyclingfähig.

1. Auflage 2009
Druck 13 12 11 10 09
Die letzte Zahl bezeichnet das Jahr des Drucks.

Umschlagkonzept: Mendell & Oberer, München
Umschlag- und Layoutentwurf: Daniela Kropf, München
Lektorat: Claudia Passek
Herstellung: Ulrike Seeliger
Illustrationen: Jan Birck, München; Julia Ginsbach, Grebbin
Satz: Datagroup int. SRL, Timişoara, România
Druck: Himmer AG, Augsburg
Bindung: Kösel GmbH & Co. KG, Altusried

ISBN 978-3-637-00585-3

Inhaltsverzeichnis

Vorwort

Sandra Fabricius' Arbeit mit Lerntagebüchern im Unterricht kann als richtungsweisend angesehen werden. Die Autorin gehört zu den Lehrerinnen, die sich mit Begeisterung und viel Gespür von den Denkwegen ihrer Schülerinnen und Schüler faszinieren lassen und dabei stets auch die fachlichen Lernmöglichkeiten im Auge behalten. Die Produkte der Mädchen und Jungen haben schon viele Lehrkräfte und Eltern begeistert. Und auch die Kinder sind offensichtlich vom „Lernen auf eigenen Wegen" motiviert, denn die beeindruckenden Leistungen und der Gestaltungsreichtum zeugen von viel innerem Engagement.

Anschaulich beschreibt Sandra Fabricius, wie sie in allen vier Grundschuljahren die Lerntagebucharbeit in ihren Unterricht einbezogen hat und welche Ergebnisse auf diese Weise entstanden sind. Dabei zeigt sie zum einen das Spektrum und die Unterschiedlichkeit von Schülerprodukten einer (jahrgangsgemischten) Klasse auf; zum anderen stellt sie die Lernentwicklung einzelner Kinder exemplarisch anhand ausgewählter Schülerarbeiten dar – Entwicklungen, die am Ende der Grundschulzeit über das Lerntagebuch auch für die Kinder selbst und ihre Eltern nachvollziehbar werden. Durch diese Form des selbst reflektierenden Lernens lassen sich allgemeine inhalts- und prozessbezogene Kompetenzen, wie sie in den neuen Bildungsstandards gefordert werden, verwirklichen.
Neben ihrer Begeisterung hat die Autorin sich stets auch den Blick fürs Praktische bewahrt: eine gute Organisation (bis in die kleinsten Überlegungen zu Papierstärke und Dicke von Lerntagebüchern) und einen Sinn für machbare Anfänge.

Sandra Fabricius hat in vielen Fortbildungen ihr Wissen und ihre Erfahrungen weitergegeben. Nun hat sie beides aufgeschrieben. Wie Sie es ebenfalls erreichen können, Lerntagebücher erfolgreich in Ihren Unterricht zu integrieren, zeigt dieses Buch in sechs klar strukturierten und leicht verständlichen Kapiteln. So ist es im besten Sinne als „Ratgeber" und „Mutmacher" zu verstehen.

Eine anregende Lektüre wünschen Ihnen

Sybille Schütte und Elisabeth Rathgeb-Schnierer

Einleitung

Im Rahmen meines Unterrichts mit Grundschulkindern arbeite ich nun bereits seit sechs Jahren mit Lerntagebüchern und möchte auch andere Kolleginnen und Kollegen dazu ermutigen. Dieses Medium ist zu einem festen und zentralen Bestandteil meiner Unterrichtspraxis geworden. Immer wieder überzeugten mich die Ergebnisse der Kinder in diesen Büchern, an denen sich ihre Lernentwicklung wunderbar ablesen ließ, sodass ich sie in ihren individuellen Fähigkeiten unterschiedlich fordern und fördern konnte. Alles in allem geben Lerntagebücher mir eine Fülle pädagogischer Möglichkeiten, damit Kinder – unter Berücksichtigung der aktuellen pädagogischen Leitlinien und ministeriellen Vorgaben – ihre Lernpotenziale offenbaren und weiterentwickeln können.

Aber auch die Augen und Worte der Kinder zu diesen eigenen Dokumenten sprechen Bände. Die Arbeiten in den Lerntagebüchern werden von den Kindern geliebt, schöpferisch entwickelt, gemeinsam reflektiert, staunend begutachtet, stolz präsentiert – kurzum: Kinder arbeiten gerne im Lerntagebuch und verfolgen mit Freude ihren eigenen Lernweg.

Neben den Kindern und den Lehrerinnen*, die sie begleiten, sind auch die Eltern von Begeisterung erfüllt, wenn sie die zusammengetragenen Lernergebnisse der gesamten Grundschulzeit in den Händen halten. Dadurch ist es ihnen möglich nachzuvollziehen, welche Anstrengungen ihr Kind unternommen hat, Lesen und Schreiben, Zählen und Rechnen, Vermuten und Begründen, Dokumentieren sowie Reflektieren zu lernen.

Gerade in der heutigen Zeit, zwischen PISA, TiMSS und anderen nationalen und internationalen Lernstandserhebungen und Leistungsvergleichen, in der ein Fördern und Fordern unserer Grundschüler ganz nach vorn in den Blickpunkt der pädagogischen Öffentlichkeit gewandert ist, geben Lerntagebücher sehr genau Aufschluss über die Lernwege der Kinder und bieten damit individuelle Ansatzpunkte im Rahmen einer Lernstanddiagnose und gezielten Förderung.

Dankbar bin ich heute meiner Ausbildungslehrerin Astrid Reinhard, die die Arbeit mit Lerntagebüchern in dem für meine Ausbildung relevanten Mathematikunterricht vorschlug.

* Aus Gründen der Repräsentation und der Identifikation benutze ich im gesamten Buch überwiegend die weibliche Form. Es steht jedoch außer Frage, dass damit auch die männlichen Vertreter gemeint sind.

In dem Schulbuch „Die Matheprofis" für die Klassen 1–4 (Schütte (Hrsg.) 2004–2006) fanden wir viele wertvolle Anregungen für geeignete Aufgabenstellungen und Unterrichtsanlässe*. Dieses Schulbuch ermöglichte es mir, meinen Unterricht zu öffnen und die Kinder eigenaktiv an mathematischen Fragestellungen zu beteiligen. Wir beschlossen in diesem Zusammenhang, ein Lerntagebuch für das Fach Mathematik anzuschaffen. Darin schrieben die Kinder ihre Lernwege auf, dokumentierten und begründeten Rechenwege.

Nach meiner Ausbildungszeit hatte ich das große Glück, an einer Schule zu arbeiten, an der ich gemeinsam mit meiner Kollegin Andrea Laferi von Beginn der Klasse 1 an bis zur Klasse 4 Lerntagebücher einsetzen konnte. Dabei war uns wichtig, dass die Kinder über den mathematischen Bereich hinaus auch in den anderen Fächern mit diesem Buch arbeiteten. Diesen pädagogischen Austausch habe ich als überaus befruchtend und wertvoll empfunden.

An dieser Stelle möchte ich vor allem meinen Schülerinnen und Schülern danken, die mit mir gemeinsam so begeistert an mathematischen Fragestellungen gearbeitet haben und mir durch die Einträge in ihren Lerntagebüchern Einblick in ihre ganz persönlichen Gedanken und Gefühle zur Mathematik gewährt haben. Mein besonderer Dank gilt Marlene, Fabian, Sophie, Kathrin, Carolin, Theresa, Veronika, Viktoria, Tim, Adrian, Finn, Falilat, Paul, Clara, Caroline, Katharina, Nora, Ann-Christin, Niklas, Julius, Philine, Anna, Esther und Moritz.

Mit dem vorliegenden Buch sollen alle angesprochen werden, die Lernwege der Kinder in dieser Form initiieren und begleiten wollen, denen daran gelegen ist, Kindern die Möglichkeit zu geben, selbstgesteuert und eigenaktiv in offenen Unterrichtsarrangements ihren Lernweg zu beschreiten und Freude am Lernen zu entwickeln und zu behalten. Es soll auch neugierig machen auf einen offenen Unterricht, der noch stärker vom Kind ausgeht, ohne beliebig zu sein.

Wer sich auf eine unterrichtliche Auseinandersetzung mit Lerntagebüchern einlässt, braucht dabei nicht von heute auf morgen alles umzustellen. Voraussetzung ist lediglich eine gewisse Haltungsänderung gegenüber dem Stoff und den Produkten der Kinder.

Es sollen keine theorielastigen Diskussionen oder didaktische Diskurse geführt werden. Im Rahmen meiner Ausführungen und der zahl-

* Sämtliche in diesem Buch abgebildeten Aufgabenstellungen wurden dem Lehrwerk „Die Matheprofis" für die Klassen 1–4 entnommen.

reichen Kinderbeispiele möchte ich vielmehr Mut und Begeisterung wecken, an die Arbeit zu gehen – mit Kindern, mit Lerntagebüchern.

Ich wünsche Ihnen eine anregende Lesezeit und viel Freude und Erfolg beim Ausprobieren!

Ihre
Sandra Fabricius

1 Was ist ein Lerntagebuch?

Lerntagebücher dienen der schriftlichen und chronologischen Dokumentation von Gelerntem. In der Regel sind es Hefte, Bücher oder Kladden, in die Schülerinnen und Schüler schriftliche Eintragungen sowohl zu inhaltlichen Fragestellungen des Unterrichts als auch zur Reflexion ihres eigenen Lernweges vornehmen. Unterscheiden lassen sich dabei persönliche Tagebücher, die ein Schüler allein schreibt, von teambezogenen Lerntagebüchern, die von Gruppenmitgliedern einer Gruppe abwechselnd oder gemeinsam geschrieben werden (vgl. Heske 1999).

Dokumentation und Reflexion von Gelerntem

Der Begriff „Lerntagebuch" setzt sich aus dem Wort „lernen" und dem Wort „Tagebuch" zusammen. Das gewöhnliche Tagebuch ist dazu geeignet, die gesamte Lebenswelt des Schreibers oder der Schreiberin darzustellen, während das Lerntagebuch ausschließlich auf die Auseinandersetzung mit neuen schulischen Lerninhalten bezogen ist.

Festgehalten werden im Lerntagebuch vornehmlich Erfahrungen aus dem schulischen Lernprozess, aber auch Erlebnisse aus dem persönlichen Bereich, die im Lern- und Lebensraum Schule thematisiert werden, können niedergeschrieben werden. Durch das Lerntagebuch findet eine Verknüpfung zwischen persönlichen Erlebnissen und schulischen Lernerfahrungen statt. Während Tagebuchaufzeichnungen mitunter täglich notiert werden, sind bei Lerntagebüchern längere Intervalle möglich und auch je nach Funktion wöchentliche Eintragungen denkbar. Beim Umgang mit dem Tagebuch entscheidet der Schreibende frei über die Gestaltung und Gliederung, beim Lerntagebuch kann die Lehrerin Inhalte und Parameter vorgeben, die die Lernenden einzuhalten haben (vgl. Weschenfelder 2007). Die gesamte Lernumgebung, die den Kindern im Zusammenhang mit der Arbeit im Lerntagebuch präsentiert wird, spielt eine Rolle:

- Welche Aufgabenstellung liegt vor?
- Welche Leitfragen werden gestellt?
- Welches Material wird den Schülerinnen und Schülern zur Verfügung gestellt?
- Welche Regeln werden vereinbart?
- Welche Schreibhinweise werden gegeben?
- Wie findet eine Rückmeldung statt?
- Inwiefern wird das Lerntagebuch zur Leistungsbeurteilung herangezogen?

Die Lehrerin legt fest, für welche Fächer und Themen das Lerntagebuch genutzt wird. Tagebucheinträge sind in der Regel nicht für die Öffentlichkeit bestimmt, das Lernen in der Schule jedoch findet gemeinschaftlich statt. Daher ist bei der Arbeit mit Lerntagebüchern zu entscheiden, welches Maß an öffentlichem und persönlichem Rahmen zugelassen werden soll. Lerntagebücher können im schulischen Kontext inhaltliche Unterschiede haben, so gibt es in der Literatur auch unterschiedliche Bezeichnungen und Spielarten von Lerntagebüchern.

Wie viel Öffentlichkeit?

Lernwegebuch

Aufgrund des privaten Charakters von Tagebüchern schlagen Selter und Sundermann (2006) den Begriff „Lernwegebücher" vor, da die Eigenproduktionen in Reflexionsphasen auch der Öffentlichkeit des Klassenverbandes zur Verfügung gestellt werden. In Lernwegebüchern sammeln und reflektieren die Kinder im Laufe der (Grund-)Schulzeit ihre Lernprodukte unter der Fragestellung „Was habe ich gelernt / heute gemacht?".

Reisetagebuch

Ruf / Gallin haben den Begriff „Reisetagebuch" geprägt. Ihren Veröffentlichungen kommt eine zentrale Bedeutung für die Verwendung von Lerntagebüchern in der (Grund-)Schule zu. Von ihnen stammen die grundlegenden Arbeiten auf dem Gebiet der selbstreflexiven Darstellung von Lernprozessen. Sie führten in einer interdisziplinären Zusammenarbeit zwischen den Fächern Deutsch und Mathematik ein sogenanntes Reisetagebuch als „Werkstatt des Lernens" ein. Jeder Schüler arbeitet dabei mit nur einem Heft, das „alle übrigen Hefte eines oder mehrerer Fächer ersetzt" (Ruf / Gallin 1998). Im Rahmen dessen beschäftigt das Kind sich „auf seinem Wege" mit einem bestimmten Thema, indem es wie bei einem Tagebuch individuelle Einträge dazu vornimmt.

Schreiben macht den Gedankenfluss der Beobachtung zugänglich

„Bei diesem ‚Lernen auf eigenen Wegen' spielt das Verfassen von Texten eine zentrale Rolle. Weil das Schreiben den Gedankenfluss stark verlangsamt, erhält der Schüler Gelegenheit, seine eigenen Aktivitäten der Reflexion zugänglich zu machen. Seine singuläre Art, Probleme anzupacken und zu lösen, wird dadurch nicht nur aufgewertet, sondern auch fassbar und diskutierbar. Individuelles Fragen und Handeln wird kultiviert." (Gallin / Ruf 1998, S. 91f.)

Es steht jedoch nicht nur eine singuläre und subjektive Auseinandersetzung mit dem „Lernstoff" im Vordergrund, sondern auch eine dialogische. Die Idee ist, dass der Lernende seine Gedanken und Gefühle auf seine Weise und in seiner Sprache aufschreibt, sodass Lernende und Lehrende in einen Dialog treten können. Mit der verständlichen Verschriftlichung seiner Gedanken zu einem Thema lässt das Kind andere Mitschüler oder die Lehrerin an seinen Ideen teilhaben. Wichtig ist, dass die Rückmeldungen zu Eigenproduktionen für den Lernenden eine Bereicherung darstellen und ihm einen Hinweis zur Weiterentwicklung seines Lernens geben. Damit wird deutlich, dass die Sprache nicht der Lerngegenstand an sich ist, sondern ein Medium, sich über einen Inhalt singulär und auch dialogisch auszutauschen.

Lernende und Lehrende im Dialog

Portfolio

Im Zusammenhang mit verschiedenen Formen der Lern- und Leistungsdokumentation spielt der Begriff „Portfolio" eine wichtige Rolle. Im Bereich der Kunst wird damit eine Mappe ausgewählter Arbeiten des Künstlers beschrieben, die Einblicke in sein persönliches Schaffen gewährt. Im Gegensatz zu Lern- oder Reisetagebüchern handelt es sich bei Portfolios nicht um gebundene Hefte, sondern um eine Sammlung angefertigter Unterlagen zu einem bestimmten Themenkomplex. Auch hier können Kinder selbstständig Dokumente ihres individuellen Lernweges zusammentragen, die ihr Lernen, ihre Fortschritte und ihre Anstrengungen für sich selbst und für andere dokumentieren (vgl. Sundermann / Selter 2006; Easley / Mitchell 2004; Brunner / Schmidinger 2000).

Portfolios sind jedoch keine Lerntagebücher. Vielmehr handelt es sich dabei um eine Sammlung von Lerndokumenten in Form von Arbeitsblättern, Aufzeichnungen, Lerntexten, usw. Bei dieser Art der Lerndokumentation findet eine Zusammenstellung der Kinderprodukte zum Zweck der Leistungsbeurteilung statt, bei der die Frage nach dem „WAS (hat das Kind geschafft / gemacht?)" im Vordergrund der unterrichtlichen Aktivitäten steht.

Prozessbezogene Portfolios (Wessel 2007) nähern sich dem reflexiven Charakter der Lerntagebücher an, indem eine reflektierende Stellungnahme zur Materialsammlung durch das Kind selbst, andere Mitschüler, die Eltern oder die Lehrerin vorgenommen werden kann, die den Lernprozess voranbringt. Bei Lern- oder Reisetagebüchern geschieht dies jedoch nicht nur zu einem Thema, der Lernende ist vielmehr durch das zusammenhängende Heft in einem andauernden schriftlichen Austausch mit sich selbst, der Sache und anderen. Es ist natürlich möglich, vom Kind ausgewählte Produktionen als Kopien in ein Portfolio zu übernehmen, jedoch steht im Lerntagebuch der Gedanke des beurteilungsfreien Produzierens und Reflektierens im Vordergrund.

Ich möchte hier nur die wichtigsten Dokumentationsformen des Lernens anführen, die auch im Rahmen dieses Erfahrungsberichtes angemessen erscheinen und zum besseren Verständnis der Praxisbeispiele beitragen. Dennoch existieren in schulischen Kontexten weitere Varianten von Lerntagebüchern, die die verschiedenen Lernkompetenzen der Schülerinnen und Schüler auf unterschiedliche Weise ansprechen.

Zur Arbeit mit dem Lerntagebuch haben mich besonders die Ideen von Ruf / Gallin angeregt, die sich auch bei den folgenden Ausführungen zum Umgang mit diesem Medium als „Reisetagebuch“ wiederfinden lassen. Die Schülerinnen und Schüler begleitet das Buch auf ihrer „Entdeckungsreise in die Welt der Wörter und Zahlen“, auf der sie persönliche Spuren des Lernens sammeln können (Ruf/Gallin 1995, S. 7). Dabei wurde sowohl ein singulärer als auch dialogischer Kommunikationsrahmen ermöglicht und respektiert.

2 Meine Anfänge

Kennen Sie das? Da ist eine Idee, eine Sache, die Sie fasziniert, von der Sie überzeugt sind. Seit Beginn meiner schulischen Praxis als Lehrerin und damit als Lernberaterin der Kinder habe ich mit Lerntagebüchern gearbeitet.

Zuerst einmal klingt es erstaunlich, wenn Kinder in Bücher mit leeren Seiten schreiben und dabei noch etwas lernen sollen. Die Arbeit mit Lerntagebüchern hat mich jedoch eines Besseren belehrt. Aber nicht nur das – sie fasziniert mich jeden Tag aufs Neue.

Die Ergebnisse der Kinder sind kleine Offenbarungen vieler, unterschiedlicher Lern- und Denkwege, die uns Erwachsenen Geschichten davon erzählen, wie Kinder denken, zu ihren Erkenntnissen gelangen und ihr Wissen weiterentwickeln.

Wie oft habe ich in den letzten Jahren – in meiner pädagogischen, aber auch menschlichen Seele gerührt – sprachlos dagestanden und gestaunt, was Kinder können und wie kreativ sie sich ihres Lernhandwerks bedienen.

2.1 Wie ich zur Arbeit mit Lerntagebüchern gekommen bin

In pädagogischen Zeitschriften sah ich immer wieder Abbildungen von Schülerprodukten, die mich begeisterten. Ich stellte mir die (bange) Frage: Können meine Schüler das eigentlich auch? Und was muss ich tun, damit sie den Mut haben, ein leeres Blatt zu füllen und ihre Gedanken und Entwürfe aufzuschreiben? Nach anfänglichen Schwierigkeiten war ich doch sehr überrascht, was an Können zutage trat.

Lerntagebücher haben fortan bei meiner Arbeit als Lehrerin eine wichtige Rolle gespielt. Ich erinnere mich noch sehr genau daran, dass die Kinder, die zur Zeit „meiner Anfänge" im 2. Schuljahr waren, große Freude daran hatten, sich die Reihen des Einmaleins eigenaktiv und selbstgesteuert anzueignen. Alle mathematischen Entdeckungen wurden im Lerntagebuch festgehalten. Neben dieser Dokumentation pflegten wir auch den Austausch und die Gespräche untereinander über Mathematik. Das half den Kindern, ihre mathematischen Erkenntnisse in Worte zu fassen und durch den Dialog miteinander eine höhere Erkenntnisebene zu erreichen.

Das Aufschreiben ihrer Gedanken mussten die Schülerinnen und Schüler jedoch erst einmal üben, indem ich ihnen regelmäßig geeignetes sprachliches Handwerkszeug anbot und immer wieder Gelegenheiten suchte, um die (sprachliche) Darstellungsfähigkeit zu schulen.

Auch die Organisation der Arbeit mit dem Lerntagebuch war zu Beginn mit kleineren Anfangsschwierigkeiten verbunden. Wann schreiben wir ins Lerntagebuch? Wie beginnen wir einen Eintrag? Welche Regeln müssen wir festlegen?

Im Allgemeinen bieten sich in einem offenen Unterricht sehr viele Gelegenheiten, im Lerntagebuch zu arbeiten. Es gab nur wenige regelmäßige Anlässe, wie z.B. das Schreiben vom Wochenende zu Beginn oder die Reflexion „Was habe ich gelernt?“ am Ende jeder Schulwoche; die meisten Möglichkeiten entstanden themenabhängig durch geeignete Lernangebote des Unterrichts.

Insgesamt trat die individuelle Zuwendung zum einzelnen Kind und seinem Verständnis für eine Aufgabe stärker in den Vordergrund. Manche Schülerinnen und Schüler brauchten Worte der Ermutigung, Gedankenanstöße oder Lösungsvorschläge zur Darstellung ihrer Ergebnisse.

Diese Erfahrungen waren auch für mich sehr bereichernd, denn seit meinem eigenen Schulunterricht und dem Mathematikstudium an der Hochschule war ich immer der Meinung gewesen, Mathematik bestünde ausschließlich aus „trockenem Stoff“ mit vielen schwierigen Aufgaben. Vieles müsse auswendig gelernt werden und manches sei einfach nicht zu verstehen. Umso mehr war ich darüber erstaunt, wie viel Freude die Kinder an der Mathematik hatten.

Durch meinen eigenen Unterricht und die Arbeit mit den Kindern wandelte sich daher meine Einstellung zur Mathematik.

Kinder veränderten meine Einstellung zur Mathematik

Wenn man genauer hinsieht, ist Mathematik etwas sehr Logisches, etwas, das Faszination und Begeisterung auslöst, sowohl bei Erwachsenen als auch bei Kindern. Die Ursprungswurzeln zur Arbeit mit Lerntagebüchern liegen folglich im Fach Mathematik begründet. Nicht außer Acht zu lassen ist jedoch die Sprache, die die Mathematik erst beflügelt und auch lebendig macht. Es wird dann spannend und pädagogisch interessant, wenn Kinder ihren eigenen Lösungsweg, ihre Tricks und Strategien beschreiben – ob mündlich oder schriftlich. Dabei gibt es nicht nur einen Lösungsweg, es treten verschiedenartige und überaus kreative Denkweisen der Kinder zutage. Hier sind wir als Lehrerinnen angehalten, genau hinzusehen sowie aufmerksam zuzuhören und diese Vielfalt der Wege zuzulassen. Ein differenzierter Blick auf die Ergebnisse und Lösungen der Kinder ist für einen Unterricht, der vom Kind ausgehen will, unabdingbar.

2.2 Lernchancen eröffnen – Vorschläge zur unterrichtlichen Rahmung

Möglichkeiten durch Offenheit

Aus pädagogischen Gründen war mir wichtig, dass die Kinder ein Heft / Buch erhalten, das keinerlei Vorgaben zu Fächern, Themen oder Aufgabenstellungen enthält. Wir haben es also hier mit der „Pädagogik des leeren Blattes" zu tun (vgl. Peschel 2002). Nun ist die Lehrerin gefragt, adäquate Aufgabenstellungen und Impulse zu den Themen des Unterrichts zu stellen und damit das „Handwerkszeug" bereitzustellen. Die nachfolgenden Kapitel geben anhand zahlreicher Unterrichtsbeispiele näher Aufschluss darüber, wie dies gelingen kann.

Offene Aufgabenstellungen

Durch das leere Blatt wird den Kindern bereits eine gewisse Freiheit offeriert, die sich jedoch auch in der Offenheit der Aufgabenstellungen widerspiegeln muss. Die Gegebenheiten für einen selbst gesteuerten und eigenaktiven Unterricht sind durch das Lerntagebuch geschaffen, nun sollten auch die offenen Aufgabenstellungen zur Arbeit motivieren. Genau hier kapitulieren manche Kolleginnen. Warum? Offenheit verbinden sie leider zu schnell mit Beliebigkeit, die große Unsicherheit und folglich Ablehnung dieser Unterrichtsarrangements indiziert.

Dabei geben die Aufgabenstellungen einen klaren Handlungsrahmen vor. Die Freiheit besteht in der Art der Bewältigung dieser Aufgabe.

Ein weiterer, wichtiger Punkt in diesem Zusammenhang besteht in der Einstellung gegenüber den Lernenden. Nach Spiegel / Selter sollte die kompetenzorientierte Sicht gegenüber der defizitorientierten Sicht überwiegen (Spiegel / Selter 2004). Den Kindern sollte die Möglichkeit gegeben werden, das zu zeigen, was in ihnen steckt und was sie schon können – die individuellen Lernvoraussetzungen jedes einzelnen Kindes sollen sichtbar werden. Das wird meist nicht durch vorgegebene Arbeitsblätter erreicht, auf denen die Kinder vielleicht nur ein paar Wörter einfügen, eine Tulpe beschriften oder zahllose Päckchen ohne operativen Bezug lösen müssen. Es ist unbestritten, dass man immer mal wieder auch zu solchen Arbeitsmitteln greift, aber sie sollten nicht überwiegen.

Geschlossene Arbeitsangebote und Unterrichtsformen begrenzen den Schaffensraum der Kinder. Das heißt konkret: Zu sehr liegt unser Augenmerk immer noch auf den Ergebnissen und einzelnen Lösungen der Kinder. Wie oft ertappen wir uns im Mathematikunterricht dabei, ausschließlich Wert auf „richtige" Ergebnisse zu legen? Richtige oder falsche Ergebnisse sagen jedoch nicht viel über das Spektrum der kindlichen Fähigkeiten aus. Auch wenn das Kind zu einer richtigen Lösung gekommen ist, bleibt uns dennoch verborgen, welche vielleicht äußerst interessanten und faszinierenden, mathematisch wertvollen (Um-) Wege es gedanklich eingeschlagen hat. Selbst bei Erhalt eines falschen Ergebnisses kann das Kind durchaus richtige Gedankenansätze gefasst haben. Das können wir nur herausfinden, wenn wir eine Lernkultur schaffen, in der Kinder Fehler machen dürfen, im Rahmen derer Kinder die Hauptakteure sind und ihr Können nicht daran gemessen wird, wie gut sie in der Lage sind, vorgefertigte Arbeitsblätter in kleinschrittiger Weise auszufüllen. Sie brauchen Raum für ihre Überlegungen, Lösungen und Gedankenansätze, damit ein prozessorientierteres Lernen in einer unbeschwerten Lernatmosphäre stattfinden kann.

„Raum der Entfaltung" durch offene Aufgaben

Eine beträchtliche Bedeutung – auch im Hinblick auf die Ziele der Richtlinien und Lehrpläne – erhält zum Beispiel neben dem Rechnen ebenso das Begründen, Entdecken und Reflektieren. Mathematikunterricht ist daher nicht ausschließlich auf das Rechnen als automatisierende Fertigkeit zu reduzieren, Mathematik lernen und betreiben bedeutet viel mehr.

Kinder gehen gerne mit Zahlen, Größen und Mengen um, stellen sich mathematischen Problemen, decken geschickt Sachverhalte auf, begründen ihre Rechenwege und hinterfragen Lösungen mit Scharfsinn und Verstand. Wir als Lehrerinnen schaffen die Voraussetzungen dafür, indem wir mehr und mehr die Rolle der helfenden und unterstützenden Begleiter in diesem Prozess des Lernens einnehmen.

Ich habe festgestellt, dass Kinder eigenaktiv wunderbar schreiben, rechnen und zeichnen können. Wichtig ist, ihnen das alles auch zu ermöglichen und ihnen ihre individuellen Fähigkeiten nicht durch einschränkende Aufgaben abzusprechen.

Beispiel

Einen Löwenzahn selber zeichnen

Ich möchte als Beispiel das Zeichnen eines Löwenzahns aufgreifen, welches gewöhnlich im Zusammenhang mit dem Thema „Frühling" behandelt wird.

Kinder lernen nicht das Zeichnen oder üben sich nicht in Feinmotorik, wenn wir ihnen den Löwenzahn vorgefertigt als Arbeitsblatt zur Beschriftung geben. Sie sind durchaus in der Lage, einen Löwenzahn selber zu zeichnen und ihn im Anschluss selbst zu beschriften. Ist der Unterricht durch diese Betonung der Selbststeuerung des Lernens gekennzeichnet, kommt es eher selten zu der Äußerung „Ich kann keinen Löwenzahn zeichnen."

Selbststeuerung des Lernens

Abb. 1: Marlene, 1. Schuljahr

Abb. 2: Fabian, 1. Schuljahr

Falls die Kinder es sich doch zur Gewohnheit gemacht haben, sich selbst und ihre Fähigkeiten als gering einzuschätzen, sollten wir ihnen Mut machen und betonen, dass sie sehr wohl einen Löwenzahn zeichnen und dabei etwas lernen können.

Selbstverständlich fallen die Darstellungen unterschiedlich aus, wie hier am Beispiel von Marlenes und Fabians Löwenzahn zu sehen ist. Marlene ist in der Lage, eine wunderschöne Pflanze zu zeichnen, den-

Das Können auf persönliche Weise unter Beweis stellen

noch ist Fabians Blume auch gut erkennbar. Jedes Kind vollzieht den Auftrag auf seine ganz persönlichen Weise. Damit wird auch die Einsicht in die Prozesshaftigkeit des Lernens bei den Kindern immer wieder wach gehalten. Natürlich findet jedes seine individuelle Lösung der Gestaltung, die, sofern es sich Mühe gegeben hat, gelobt und positiv bestärkt werden sollte. Das Lernen geht nicht von heute auf morgen, manche Dinge lernt man schnell, aber manche benötigen mehr Zeit und Lernende wie Lehrende brauchen Geduld. Auch das Kind lernt, seine Werke wertzuschätzen. Es hat sich bestimmt mehr anstrengen müssen, die Blume selbst zu zeichnen, kann am Ende aber auch stolz sein. Trainiert man diese Einstellung mit den Kindern, so werden Arbeiten stärker wertgeschätzt und das Bewusstsein entwickelt, selbst für sein Lernen verantwortlich zu sein. Die Lehrerin ist lediglich eine Beraterin und Helferin in diesem manchmal so schweren und mühseligen Prozess.

Selbstvertrauen in eigene Fähigkeiten entwickeln

Ein schwaches Kind braucht Hilfestellungen, in einem offenen Unterricht ebenso wie in einem angeleiteten Arrangement. Es ist jedoch ein anderes Gefühl, genau wie alle Kinder auf einer leeren Seite zu starten, als zum Beispiel verzweifelt vor einem Arbeitsblatt mit zahllosen Päckchen zu sitzen und vorher schon zu wissen, dass man der Fülle der geforderten Aufgaben nicht gerecht werden wird.

Als Lehrerin und Lernbegleiterin erhalten wir vielfältige Gelegenheiten, die Kinder sehr individuell zu fordern und zu fördern. Dabei haben wir die Möglichkeit, sowohl auf ihren Lerneifer als auch auf ihre Lernschwierigkeiten gezielt einzugehen, indem wir uns täglich neu bemühen, die Kinder in ihrem Denken und Handeln zu verstehen. Notwendig dafür ist, mit ihnen über ihre Dokumentationen im Lerntagebuch ins Gespräch zu kommen und auch die Kommunikation unter den Kindern anzuregen.

2.3 Didaktische Legitimation von Lerntagebüchern innerhalb der Lehrpläne und Bildungsstandards für das Fach Mathematik (KMK)

In den aktuellen Lehrplänen finden sich Akzentuierungen, die die Arbeit mit dem Lerntagebuch als Form des individuellen Lernens und alle damit verbundenen methodischen und didaktischen Unterrichtsprinzipien und -formen legitimieren.

Bisher wurde vor allem das Erarbeiten von Kenntnissen und Fertigkeiten im Lehrplan für das Fach Mathematik herausgehoben, wie z.B. das Einüben schriftlicher Rechenverfahren, und ein großer Schwerpunkt wurde auf das Abrufen mathematischer Lösungsverfahren und deren „Endprodukt" gelegt. Dabei waren die Schüler auf gewisse Verfahrensweisen festgelegt. Im Rahmen der Betonung einer kontinuierlichen Entwicklung von Fähigkeiten und Einstellungen in den neuen Lehrplänen wird den Schülern mehr Flexibilität im Umgang mit Zahlen und Rechenoperationen eingeräumt. Bestimmte Verfahren, wie z.B. die Vorgehensweise bei der schriftlichen Subtraktion, werden freigestellt. Das Lernen kann prozessorientierter gestaltet werden, indem Schüler mit ihren individuellen Denkweisen Fortschritte machen und unterschiedliche Rechenwege beschreiten können und sich dabei Zahlbeziehungen und vorteilhaftes Rechnen zunutze machen. Daher wird in der mathematischen Bildung nunmehr auch von allgemeinen (prozessbezogenen) und inhaltsbezogenen Kompetenzen gesprochen. Hier bietet das Lerntagebuch als Medium den notwendigen Rahmen eigener Entwicklungsmöglichkeiten und kann einem prozessbezogenen Lernen, wie z.B. dem Problemlösen, dem Argumentieren und Darstellen, förderlich sein (vgl. Beschlüsse der KMK 2004).

Das isolierte Ausrechnen rückt als bisheriges Lernziel in der Arithmetik berechtigterweise in den Hintergrund, das mündliche, flexible und halbschriftliche Rechnen wird als eigenständige Rechenmethode angesehen.

Positive Einstellungen zur Mathematik entwickeln

Auch wird auf die Bildung einer positiven Einstellung zur Mathematik größeren Wert gelegt. Neben dem Erwerb von Kenntnissen, Fähigkeiten und Fertigkeiten gehört die Freude am Umgang mit mathematischen Fragestellungen und der Aufbau eines Selbstvertrauens ebenso zu einer erfolgreichen Lernentwicklung. Aus lernpsychologischer Sicht ist hinreichend bekannt, dass das Lernen nachhaltiger stattfinden kann, wenn Leistungen wertgeschätzt werden und mit Fehlern konstruktiv umgegangen wird. Wenn wir als Erwachsene die Produkte der Kinder in ihrer Individualität akzeptieren, werden sie langfristig Freude an der Mathematik behalten. Ein weiterer, relevanter Motivationsgrund für die Schülerinnen und Schüler besteht in der Beschäftigung mit authentischen und herausfordernden Aufgaben. Da im aktuellen Lehrplan (NRW) mehrere Bereiche des Sachrechnens als Bestandteil der verbind-

Erschließung der Lebenswirklichkeit

lichen Anforderungen verstanden werden, erhält dieser Komplex mit dem Ziel der Erschließung der Lebenswirklichkeit neben der Geometrie eine größere Bedeutung. Dabei können die Aufgaben durchaus komplex und problemorientiert gestaltet sein, denn auch Situationen im Alltag der Kinder sind im realistischen Falle eher alles andere als „kleinschrittig" vorbereitet. Hier besteht auch die Möglichkeit, die Schülerinnen und Schüler in die Gestaltung des Unterrichts mit einzubeziehen, indem sie eigene Alltagsbeispiele mitbringen oder erfinden können.

Im Rahmen der Leistungsbeurteilung die Lernfreude erhalten und die Selbsteinschätzung fördern

Im neuen Lehrplan von NRW wird das Lerntagebuch u.a. als Dokumentationsmedium zur Feststellung prozessorientierter Kompetenzen (s. auch Kap. 5) erwähnt, deren individuelle Entwicklung über einen längeren Zeitraum und kontinuierlich dokumentiert werden soll und auf diese Weise zu einer differenzierten Leistungsbewertung herangezogen werden kann.

Persönliche Stärken würdigen

Bei der Beurteilung dessen, was Kinder zu leisten vermögen, sollte jedes mit seinen persönlichen Stärken und Schwächen akzeptiert werden. Außerdem ist es das Ziel, Kinder für das Erbringen von Leistung zu motivieren und die Lernfreude zu erhalten, nicht Druck auszuüben und Ängste zu erzeugen. Die Lerntagebucharbeit kann den Kindern genügend Freiheit bieten, ihr Können ganz individuell unter Beweis zu stellen, ohne auf eine bestimmte Lösung festgelegt zu sein. Neben der differenzierten Feststellung der Schülerleistung als Leitidee zur Leistungsbeurteilung soll den Kindern bewusst werden, was von ihnen wie und in welcher Form verlangt wird. Diese zieltransparente Herausforderung in Form einer konkreten Aufgabe stellt für die Schülerinnen und Schüler immer wieder eine der wichtigsten Komponenten individuellen Lernens dar. Dabei kann auch eine realistische Selbsteinschätzung bezüglich der erbrachten Leistungen regelmäßig angeregt werden, sofern die Vorgabe und die Kriterien zum Erreichen des Ziels zu Beginn klar und deutlich formuliert wurden. Im Rahmen eines offenen Mathematikunterrichts, in dem die eigenen Wege der Kinder zugelassen und reflektiert werden, können die Schülerinnen und Schüler Verantwortung für das eigene Lernen übernehmen. Wichtig ist dabei auch, dass die Leistung in mündlicher oder schriftlicher Kommunikation lernfördernd rückgemeldet wird (vgl. Kap. 5.2).

Zieltransparente Herausforderung

Unterricht nach dem Grundsatz der Individualisierung

Bei der Durchsicht der Lehrpläne und der Berücksichtigung aktueller Forderungen der KMK-Standards lässt sich bei der Formulierung der Kompetenzerwartungen nach Klasse 2 bzw. 4 eine starke Betonung des individuellen Lernens erkennen. Eine „Auslese“ schwacher Schüler soll vermieden, das Augenmerk unterrichtlicher Bemühungen hingegen auf die Entwicklung individuellen Lernens gelegt werden. Ein ausgeprägtes Bewusstsein für das individuelle Lernen soll sich sowohl auf die inhaltlichen als auch prozessorientierten Kompetenzen auswirken.

Individuelles und gemeinsames Lernen

Jedoch braucht der Unterricht neben Phasen des individuellen Lernens des einzelnen Kindes ebenso Phasen des gemeinsamen Lernens sowie des Austausches von Ergebnissen, Entdeckungen und Erkenntnissen, denn mit einer Individualisierung des Lernens sollte keine „Verinselung“ der Lernenden einhergehen.

Lerntagebücher können diese Aufgabe der Dokumentation einzelner Lernwege vorteilhaft und detailliert übernehmen, denn hier haben die Kinder teilweise vom 1. bis 4. Schuljahr ihre Aufzeichnungen zu den verschiedenen Aufgabenstellungen auf ihre eigene Art und Weise „verewigt“. Wo lässt sich die Entwicklung eines Lernenden im wahrsten Sinne des Wortes besser „ablesen“ als in diesem Medium?

3 Pädagogische Erfahrungen – Kinder lernen auf eigenen Wegen

In diesem Kapitel werden zahlreiche Aufgaben und Lösungsbeispiele aus dem Mathematikunterricht für das 1. bis 4. Schuljahr sowie für das jahrgangsübergreifende Lernen in Klasse 1/2 vorgestellt.

3.1 Der Lernentwicklung der Kinder Raum geben – Eine Aufgabensammlung für das Lerntagebuch

3.1.1 Aufgaben aus dem Bereich Mathematik, die sich für das Lerntagebuch als ergiebig erwiesen haben

- Meine Lieblingszahl
- Zahlen in meiner Umwelt / Ich in Zahlen
- Meine Lieblingsaufgaben
- Aufgaben, die ich schon kann
- Aufgaben zur 10 / zur 100 (mit dem Ergebnis ...)
- Schöne Päckchen
- Zu Übungsformaten, wie z.B. Zahlenmauern, eigene Lösungen finden (selbst zeichnen, evtl. Kopiervorlagen einkleben)
- Unser Schulhof
- Unser Geld
- Formen in unserer Umwelt
- Meine Entdeckungen (Zeichnungen, Erläuterungen, Lösungswege zu komplexen Aufgabenstellungen)
- Mein Rechenweg: So habe ich es gemacht / Das habe ich mir überlegt ...
- Was mir aufgefallen ist ...
- Was ich schon zum Thema weiß ...
- Unsere Regeln (z.B. Was heißt + / – / · / :)
- Unterwegs mit der „Malbrille“ (Einmaleinstrukturen entdecken, aufzeichnen, mathematisieren)
- u.v.a.m.

Die folgenden exemplarisch ausgewählten Dokumente sollen zeigen, wie Kinder die offenen Aufgaben im Sinne der natürlichen Differenzierung umgesetzt haben.

3.1.2 Aufgaben und Lösungsbeispiele aus den Schuljahren 1 – 4

Aufgabenbeispiele für das 1. Schuljahr

Meine Lieblingszahl / Zahlen aus meiner Lebenswelt

Die Kinder bringen zu Schulbeginn bereits eine Reihe mathematischer Vorerfahrungen mit. Sie können dazu angeregt werden, ihre Lieblingszahl oder Zahlen, die in ihrer Umwelt vorkommen, darzustellen. Dabei wenden sie ihr Zahlenwissen an und transferieren ihr Alltagswissen in einen mathematischen Kontext. Sie lernen dabei nicht nur Zahlzeichen darzustellen, sondern auch ihren Wert zu erkennen. Sinnvoll ist es, den Kindern zu diesem Anlass auch Prospekte und Zeitschriften zur Verfügung zu stellen, die sie auf mathematische Bestandteile untersuchen und in der Form einer Collage in ihr Lerntagebuch einkleben oder abzeichnen können.

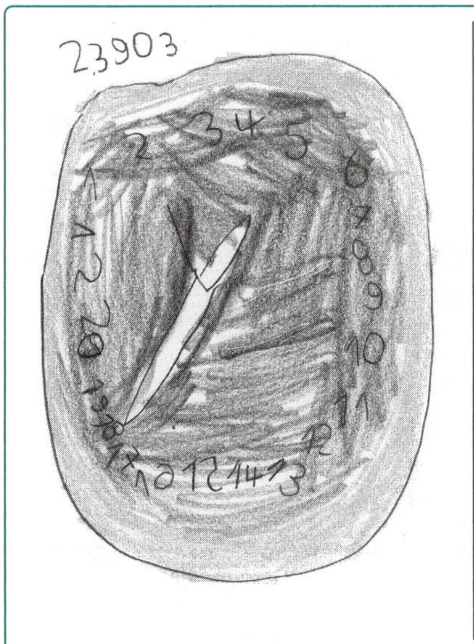

Abb. 3: Sophie fällt die Uhr ein, wenn sie an Zahlen in ihrer Umwelt denkt.

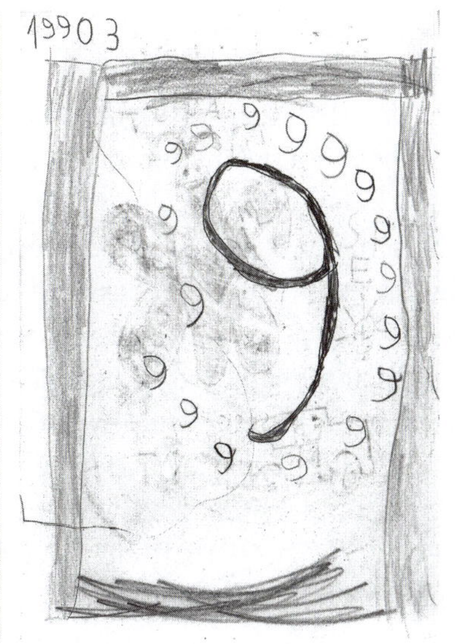

Abb. 4: Sophies Lieblingszahl 9

Wie viele? – Früchte im Herbst

Im Herbst bietet es sich an, Kastanien, Nüsse und andere Herbstfrüchte zu sammeln und zu zählen.

Nichts bereitet den Kindern mehr Freude, als im Rahmen des Unterrichts einen Herbstspaziergang zu unternehmen und dabei Früchte zu suchen. Denkbar wäre auch, den Kindern als Hausaufgabe aufzutragen, Herbstfrüchte zu sammeln. So kann man leicht natürliche Zählanlässe schaffen, bei denen die Gegenstände geschätzt, verglichen und sortiert werden. Auch sachunterrichtliche Aspekte können damit thematisiert werden. Diese Aufgabe war Anlass für zahlreiche Eigenproduktionen.

Nachdem Eicheln, Kastanien, Blätter etc. begutachtet sowie gemeinsam sortiert wurden, soll die Anzahl bestimmt werden. Das ist bei diesem offenen Zählanlass für die Kinder ein spannendes Ereignis, denn der für das 1. Schuljahr vorgesehene Zahlenraum bis 20 wird ganz „locker" überschritten. Kinder sind davon fasziniert und wachsen über sich selbst hinaus.

Die Offenheit dieser Aufgabe kommt vor allem den Kindern entgegen, die über diesen Zahlenraum hinaus zählen und meist auch schon rechnen können. Andere, die diesen erweiterten Zahlenraum noch nicht überschauen, können dennoch im Sinne der Annäherung an die „Zone der nächsten Entwicklungsstufe" davon profitieren (vgl. Schütte 2008, S.88).

Im Rahmen der natürlichen Differenzierung können sich somit alle Kinder gemäß ihrer kognitiven Fähigkeiten einbringen. Daher bietet es sich an, diese Aufgabe in der Gruppe durchführen zu lassen, damit die Kinder miteinander und voneinander lernen können. Sie verwenden elementare mathematische Tätigkeiten, wie Ordnen und Vergleichen, und sprechen darüber.

Abb. 5: Kathrin hat Herbstfrüchte mathematisch geordnet und gezählt.

Abb. 6: Zählergebnis einer Gruppe

Und eines wird auch deutlich: Kinder können wunderbar eigene Tabellen zeichnen und brauchen keine Vorgaben im Sinne eines vorgefertigten Arbeitsblattes. Mit der Tabelle habe ich ihnen eine Möglichkeit vorgegeben, ihre Zählergebnisse geordnet und übersichtlich dokumentieren zu können. Wie jedes Kind aber letztlich seine Tabelle zeichnet, habe ich bewusst offengelassen.

Freiheit bei der Gestaltung gewähren

Perfektionismus hat an dieser Stelle keine Berechtigung. Lässt man den Kindern genügend Raum, bringt man sie in die lernpsychologisch ergiebige Lage, sich Wissen und Fähigkeiten selbst aneignen zu können – die Ergebnisse sprechen für sich bzw. für die Kinder:

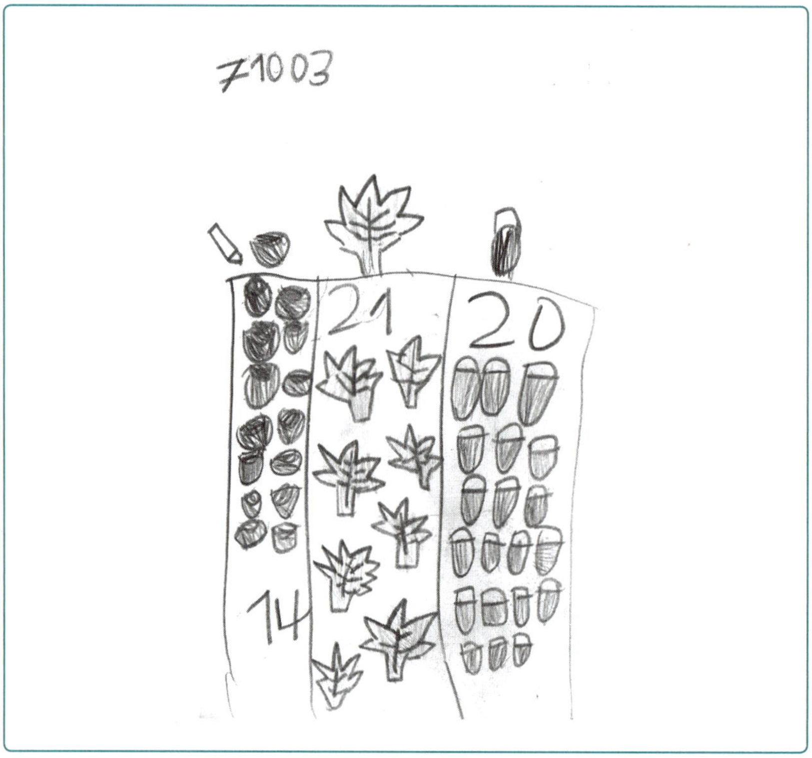

Abb. 7: Sophie hat eine Tabelle gezeichnet.

Sophie ist die Anfertigung der Tabelle bereits gut gelungen, dabei hat sie die verschiedenen Sachen auch ikonisch dargestellt. Das Zeichnen der Blätter war jedoch aufwändiger, als sie gedacht hatte, sodass sie irgendwann aufgehört hat. Die zeichnerische und symbolische Notation stimmen in diesem Fall nicht überein.

Strukturierung einer Menge

Mathematischer Hintergrund

Um Kindern zu helfen, sich im Zahlenraum mathematisch zurechtzufinden, werden oft vielfältige Aktivitäten zum Strukturieren und Ordnen durchgeführt. Im folgenden Beispiel sollen die Kinder Gruppierungen im Zahlenraum bis 20 finden, um ein Verständnis für die Struktur des Zehnersystems zu entwickeln. Denkbar wäre, dass sich die Schüler in einer Ordnung aufstellen (Sportunterricht) und nach verschiedenen Möglichkeiten suchen, sich zu gruppieren. Sie sollen Vermutungen über die Anzahl der Kinder in der Klasse äußern, über Lösungswege nachdenken und diese im Lerntagebuch dokumentieren.

AUFTRAG:
Wie viele Kinder sind in deiner Klasse? Male ein Bild, auf dem du gut und schnell erkennen kannst, wie viele Kinder es sind.

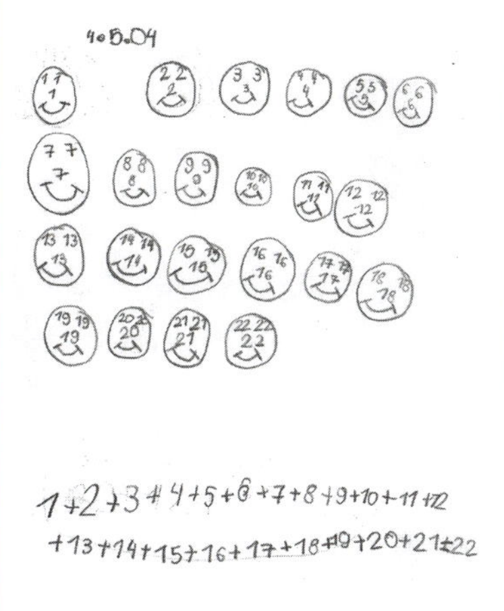

Abb. 8: Kathrin geht pragmatisch vor.

Abb. 9: Marlene wählt eine authentische Darstellung.

Abb. 10: Sophie strukturiert „unbewusst" mit der Kraft der 5.

Jedes Kind hat seine eigene Darstellungsweise gefunden. Das Spektrum zwischen abstrakter und konkreter, detailfreudiger Darstellung ist dabei sehr groß, was einen guten Gesprächsanlass bietet.

Alle Schülerdokumente zeigen eindrucksvoll, wie Kinder denken und wie unterschiedlich sie an eine Aufgabe herangehen. In der Klasse wurden die verschiedenen Ideen ausgetauscht, Lösungen ausgestellt und diskutiert. Während solcher Gespräche lernen die Kinder, aus ihrer eigenen Sichtweise herauszutreten, ihre und weitere Lösungen aus einer anderen Perspektive zu betrachten und über die Vor- und Nachteile bestimmter Darstellungsweisen zu reflektieren. Sie schulen dabei auch ihre Argumentationsfähigkeit, indem sie ihre Meinung begründen und mathematisch besonders gelungene Lösungen herausstellen.

Zum einen wird die individuelle Lösung der Kinder gewürdigt, zum anderen ihr Verständnis für eine gewisse Relativität der eigenen Wege angebahnt. Die Lösungen der Kinder sind alle für sich wertvoll und geben detailliert Aufschluss über die Denkweise jedes Einzelnen. Andererseits sind sie eine Möglichkeit von vielen, über die gemeinsam nachgedacht werden muss.

Dazu sind Kinder in der Lage, wenn wir ihnen das entsprechende Handwerkszeug bieten und mit ihnen ein gewisses Sprachrepertoire aufbauen, mit dem sie sich über mathematische Sachverhalte und Lösungen verständigen können. So wählten die Kinder nach unserem gemeinsamen reflexiven Gespräch das zuletzt dargestellte Beispiel aus, weil es die „Kraft der 5“ enthielt und für die Schülerinnen und Schüler „sehr geordnet“ aussah. Außerdem wurde die korrekte symbolische Notation der Aufgabe gelobt.

Zahlenmauern

Mathematischer Hintergrund

Das produktive Üben ist ein wichtiger Bestandteil des Mathematikunterrichts. Zahlenmauern sind eines der bekanntesten Übungsformate zur Addition und Subtraktion. Der Vorteil dieses Formates liegt nicht nur im operativen Übungscharakter, sondern auch in der Offenheit des Zahlenraums, in dem gerechnet werden kann. Im Umgang mit Zahlenmauern erkennen die Schüler die Zusammenhänge zwischen den Grundrechenarten und vertiefen ihre Rechenfertigkeiten. Nachdem die Kinder das System dieses Übungsformates durch die Bewältigung verschiedener Aufgabenformen verstanden haben, können sie auch eigene Zahlenmauern gestalten.

AUFTRAG: Zeichne eigene Zahlenmauern.

Die Lösungen zu diesem Auftrag sind so verschieden wie die Kinder, die sie entwickelt haben. Sie geben sowohl Aufschluss über das mathematische Verständnis und die Rechenfertigkeiten der Kinder als auch über ihre Kreativität und Anstrengungsbereitschaft.

Bei der Gestaltung eigener Mauern können die Kinder den Schwierigkeitsgrad selbst bestimmen. Kinder, die sich noch unsicher fühlen, verwenden häufig noch Zehnerzahlen oder beschränken sich auf einen für sie überschaubaren Zahlenraum.

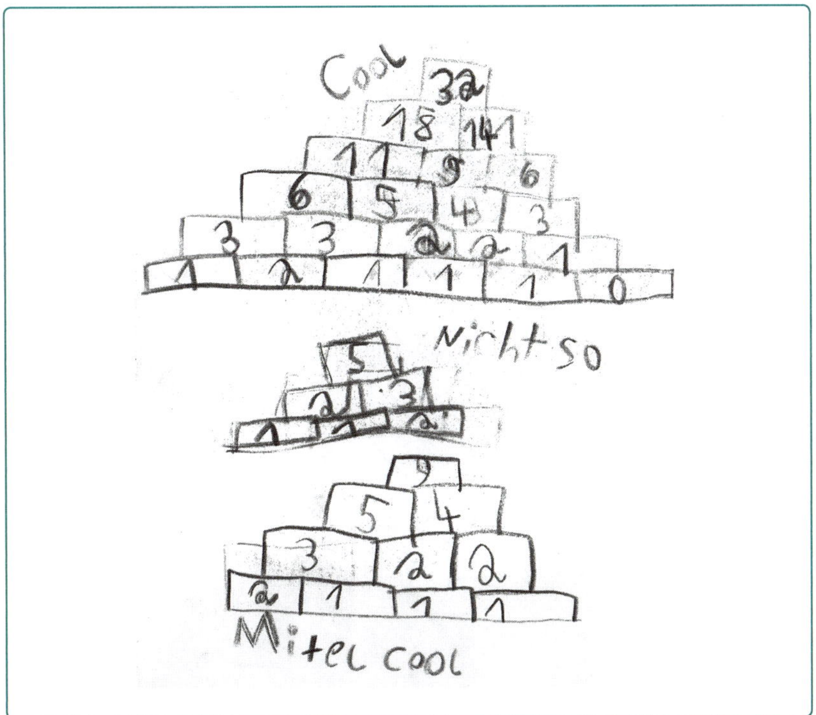

Abb. 11: Carolins „coole" Zahlenmauern

Carolins erste Zahlenmauer ist schon umfangreich und umfasst sechs Etagen. Bei ihrer raschen Auffassungsgabe fällt ihr dies nicht schwer, dabei sind ihr aber aufgrund ihrer flüchtigen Arbeitsweise noch Rechenfehler unterlaufen. Weiterhin ist anzumerken, dass sie ihre Ergebnisse kommentiert und eine reflektierende Haltung einnimmt, da ihre zweite Zahlenmauer deutlich niedriger ist und sich über einen kleineren Zahlenraum erstreckt: „Cool" findet sie ihre große Zahlenmauer, die andere wird mit „nicht so cool" bewertet.

Abb. 12: Theresa hat viele Zahlenmauern gefunden.

Auch Theresa geht durch diesen offenen Auftrag selbstbewusst an die Aufgabe heran und produziert wie Carolin Zahlenmauern, die den Zahlenraum des ersten Schuljahres überschreiten. Der große Vorteil bei dieser Art der Aufgabe liegt auf der Hand: Das Kind kann gemäß seines Entwicklungsstandes den Schwierigkeitsgrad selbst bestimmen.

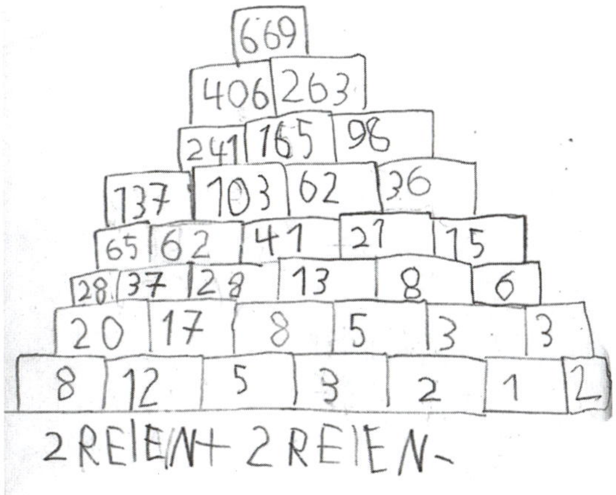

Abb. 13: Fabian kann seine Rechenfertigkeit über den bearbeiteten Zahlenraum hinaus unter Beweis stellen.

Fabians Lösung zeigt sehr deutlich die Möglichkeiten auf, die sich auch leistungsstarken Kindern durch offene Aufgabenstellungen bieten. Seine für das erste Schuljahr ausgeprägten Rechenfertigkeiten kann er selbstgesteuert anwenden.

Aufgabenbeispiele für das 2. Schuljahr

(Rechen-)Geschichten aus den Ferien

Nach den Ferien haben alle Kinder viel erlebt und wollen von ihren Erlebnissen berichten. Vielleicht haben sie auch Gegenstände oder Fotos mitgebracht. Im Anschluss können die Feriengeschichten aufgeschrieben werden. Dabei bietet es sich an, diese Erlebnisse auch auf mathematische Gesichtspunkte zu untersuchen und zu diesen Geschichten Rechenfragen zu entwickeln. Dabei lernen die Kinder Sach- und Textaufgaben selbst zu erfinden und im Anschluss sprachlich (in schriftlicher Form) in einen logischen Zusammenhang zu bringen.

Nachdem die Zahlengeschichten verfasst wurden, sollten sie den anderen Kindern präsentiert werden.

Abb. 14: Sophie sind die Strandkörbe im Urlaub aufgefallen. Sie hat daraus einen Rechenanlass gemacht.

Zu Beginn des 2. Schuljahres werden mathematische Inhalte ganz eng mit der Lebenswelt der Kinder verknüpft, indem sie ihre eigene Rechengeschichte schreiben sollen. Zum einen wird dabei bereits verankertes Wissen neu aktiviert, zum anderen das kindliche Bewusstsein dafür sensibilisiert, wie sehr Zahlen und mathematische Zusammenhänge Bestandteil des alltäglichen Lebens sind.

Sachverhalte mit Rechenoperationen zu verbinden, ist nicht einfach

Das Schreiben von Rechengeschichten stellt für die Schülerinnen und Schüler eine anspruchsvolle Aufgabe dar, denn Sachverhalt und Operation müssen logisch miteinander verbunden werden. Häufig ist es dann so, dass die Rechenoperationen recht einfach gewählt werden, weil der passende Sachverhalt dem Kind ein hohes Maß an Abstraktionsvermögen abverlangt.

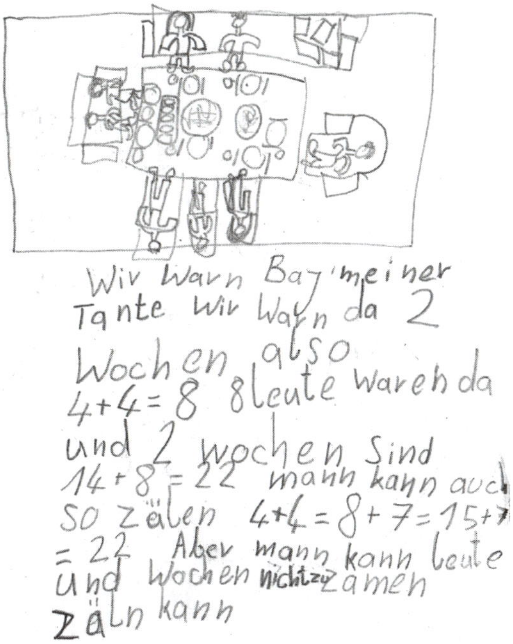

Abb. 15: Beim Erfinden einer Rechengeschichte ist Veronika zu einer wesentlichen Erkenntnis gekommen.

Auch das reflexive Denken kommt hier zum Vorschein, indem das Kind innerhalb seiner Rechengeschichte mit sich mathematisch diskutiert und am Ende zu der richtigen – inhaltlich bedeutsamen – Erkenntnis sowie Argumentation gelangt, dass man „Leute und Wochen“ nicht zusammenzählen kann.

Die Einmaleinsreihen

Bei der Einführung des kleinen Einmaleins bietet es sich an, mit Einmaleins-Brettern (Malmühlen) zu arbeiten. Dabei können die Kinder sich die einzelnen Reihen eigenständig erschließen, indem sie nach den Einerstellen der Ergebnisse auf dem Brett einen Faden spannen, das entstandene Muster zeichnerisch notieren und die Besonderheiten der Reihe schriftlich im Lerntagebuch festhalten. Hier können Gespräche über die unterschiedlichen Malreihen geführt werden; die Kinder finden Gemeinsamkeiten und Unterschiede zwischen den Reihen heraus. Dies führt zu mathematisch interessanten Erkenntnissen, die auch später bei der Automatisierung unterstützend sein können.

Erst entdecken – dann automatisieren

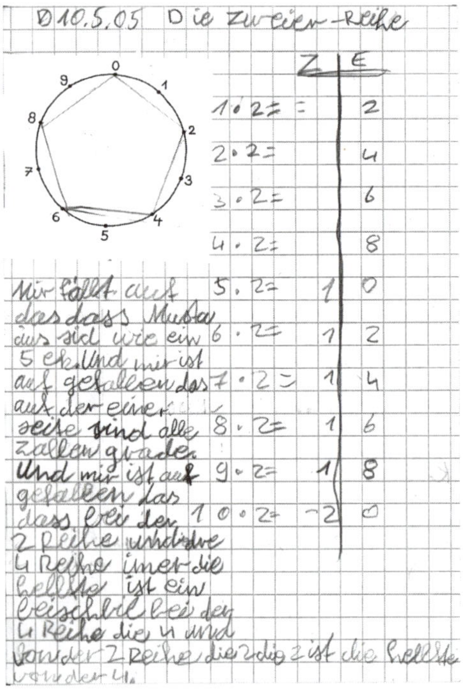

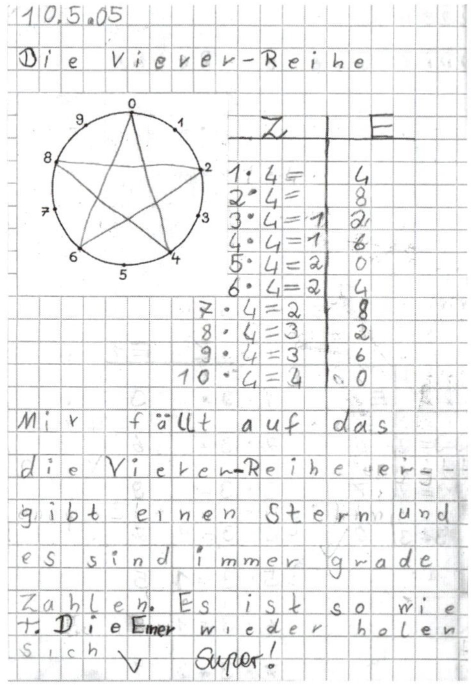

Abb. 16: Viktorias Entdeckungen bei den Reihen

Abb. 17: So sieht es Marlene.

Bei der Betrachtung der Beschreibung von Viktoria fällt auf, dass sie es bereits gewohnt ist, ihre Entdeckungen ausführlich und aspektreich darzustellen. Sie besitzt schon die Fähigkeit, ihre Entdeckungen vom Allgemeinen zum Besonderen aufzuschreiben. Die Formulierung „Mir ist aufgefallen…" hat sich bei ihr zu einem festen Ausdruck entwickelt. Sie beginnt die Beschreibung zunächst mit der Form der Figur, die bei der Zweierreihe entsteht. Außerdem hat sie entdeckt, dass ausschließlich gerade Zahlen vorkommen und Beziehungen zur Viererreihe in der Form bestehen, dass „das bei der 2er-Reihe und der 4er-Reihe immer die Hälfte ist".

In ähnlicher Weise hat es Marlene herausgefunden, ohne dabei aber die Regelmäßigkeit zu erkennen, dass immer die Hälfte bzw. das Doppelte festzustellen ist („Es sind 2 mehr").

Der Austausch über Entdeckungen erweitert die Erkenntnisse

Beide Kinder haben in zum Teil unterschiedlicher Weise zahlreiche Entdeckungen bei der Betrachtung der Zweierreihe gemacht. An dieser Stelle ist es nun notwendig, dass die Kinder sich über diese Aufspürungen verständigen und gemeinsam zu wichtigen Erkenntnissen gelan-

gen können, wie z.B., dass die Ergebniszahlen der Viererreihe stets das Doppelte derer der Zweierreihe darstellen.
Die Entdeckungen haben den Kindern geholfen, die Einmaleinsreihen zu automatisieren, denn wer zum Beispiel weiß, dass 4 mal 3 das Doppelte von 2 mal 3 ist, kann mit System auswendig lernen. Der Grund, warum Mathematik so spannend ist, liegt darin, Tricks und Strategien zu finden, die das Lernen vereinfachen können. Wichtig ist jedoch, dass wir mit den Kindern erst einmal über ihre Entdeckungen sprechen und mit ihnen gemeinsam erörtern, warum sie das Auswendiglernen erleichtern können. Parallel dazu sollten immer wieder auch Bezüge zur Lebenswirklichkeit der Kinder geknüpft werden, damit ihnen bewusst ist, warum das Lernen des Einmaleins überhaupt erforderlich ist.

Zum Schluss können die Entdeckungen als gesamte Klassenerkenntnis auf Plakaten festgehalten und somit als allgemeine Regeln herausgestellt werden, damit die Kinder jederzeit darauf zurückgreifen können.

Aufgabenbeispiele für das 3. Schuljahr

Muster auf der Hundertertafel – Primzahlen

Anfang des 3. Schuljahres kann den Kindern eine Hundertertafel angeboten werden, auf der sie die Ergebnisse aller Einmaleinsreihen farblich gestalten (vgl. Abb. 18, S. 38). Dabei können sie erste Entdeckungen besprechen und anschließend im Lerntagebuch festhalten (vgl. Abb. 19, S. 38). Unter anderem wird den Kindern auch auffallen, dass manche Zahlen weiß bleiben; diese sind nur durch sich selbst und durch 1 teilbar. Damit kann der Lerninhalt „Primzahlen" kindgerecht erarbeitet und als Regel festgehalten werden. Die Kinder automatisieren im Rahmen dessen das Einmaleins, erweitern ihr Wissen über die Division und erkennen Zusammenhänge zwischen Multiplikation und Division. Sie üben das operative, bewegliche Rechnen.

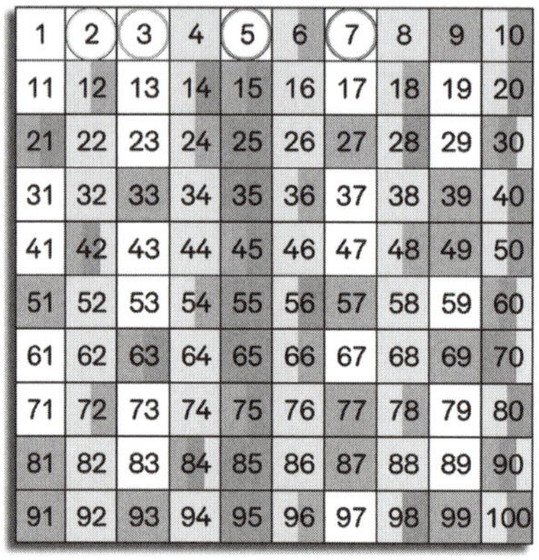

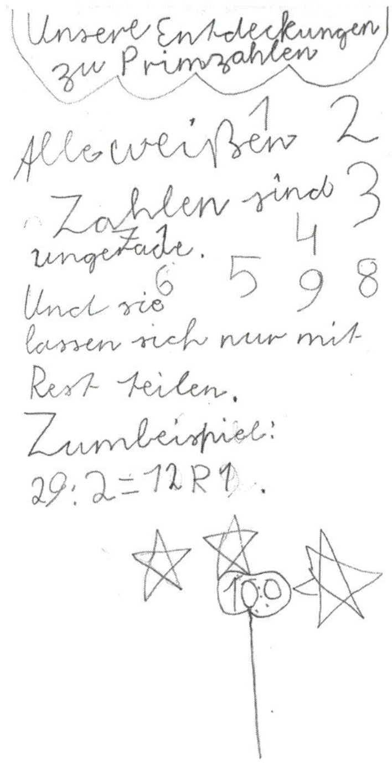

Abb. 18: Hundertertafel (aus: Die Matheprofis 3, S. 13)

Abb. 19: Marlenes Entdeckung

Wie rechnest du? – Zehner-Einmaleins

Um größere Zahlen zu multiplizieren, können die Kinder auf ihre Kenntnisse aus dem kleinen Einmaleins zurückgreifen. Dabei gehen sie folgenden Fragen nach:

- Wie könnte man mit großen Zahlen rechnen?
- Was kenne ich schon aus dem kleinen Einmaleins?
- Welche Rechentricks gibt es?

Bei genauerem Hinsehen erkennen die Kinder die Analogie zwischen Aufgaben und aktivieren ihr Vorwissen aus dem kleinen Einmaleins. Einsicht in die Rolle der Null bei der Multiplikation mit 10 zu gewinnen, stellt ebenso wie die Zerlegung von Malaufgaben in Teilaufgaben eine wichtige Erkenntnis dar. Die Kinder sollen im Lerntagebuch individuelle Lösungsstrategien entwickeln und Rechenvorteile erkennen.

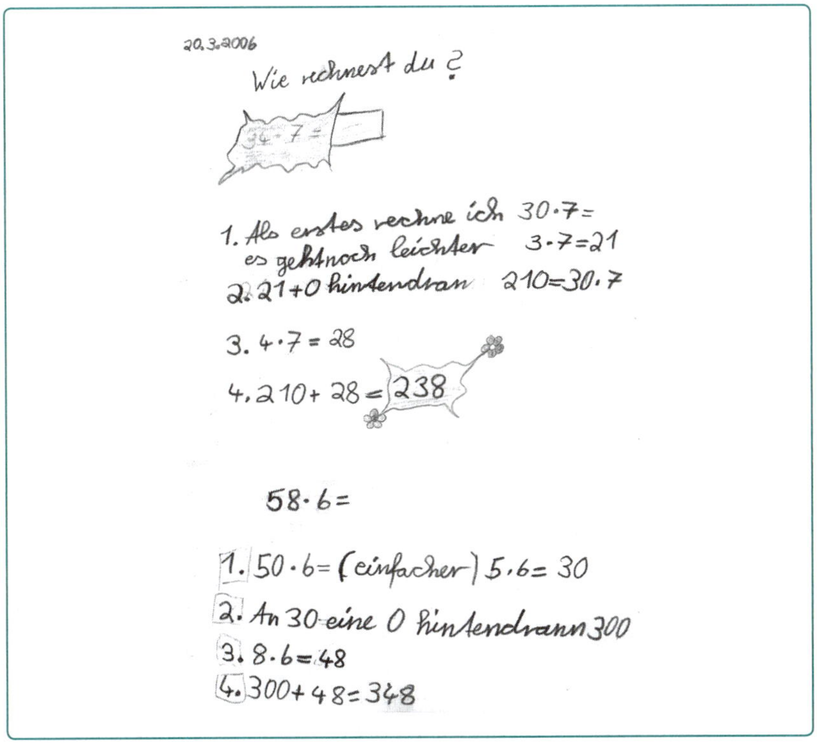

Abb. 20: Theresa kann die Schritte übersichtlich angeben.

Inneres Sprechen

Bei der Bewältigung einer „großen" Einmaleins-Aufgabe greift Theresa auf ihre Vorkenntnisse aus dem kleinen Einmaleins zurück („einfacher" oder „es geht noch leichter"). Die Aufzeichnungen, deren einzelne Schritte logisch und schlüssig aufeinanderfolgen, machen ihren innerpersonalen Dialog deutlich. Meiner Erfahrung nach sind die Kinder, die ihren Rechenweg wie oben dargestellt aufschreiben, bewusster bei der Sache, d.h., die Kinder wissen genau, was sie tun, weil sie sich ihr Handwerkszeug selbst erschließen, anstatt nach Anweisung zu rechnen.

Vorsicht ist beim Trick mit der „Null dranhängen" geboten, denn die Kinder sollten diese Strategie auch mit Inhalt füllen können und verstehen, was mathematisch dahintersteckt (vgl. Ruf / Gallin, 1998, S. 57ff., Szene Cyrille).

Aufgabenbeispiele für das 4. Schuljahr

Große Zahlen darstellen

Im 4. Schuljahr wird der Zahlenraum bis eine Million erweitert. Mit der Frage „Wie viel ist eine Million?“ können die Kinder zu einem kommunikativen Austausch angeregt werden. Zur besseren Orientierung kann arbeitsteilig ein Zahlenband aus Millimeterpapier bis eine Million hergestellt werden. Durch die Entwicklung der Zahldarstellung bis eine Million verschaffen die Schülerinnen und Schüler sich einen Überblick über den neuen Zahlenraum und lernen, mit großen Zahlen umzugehen.

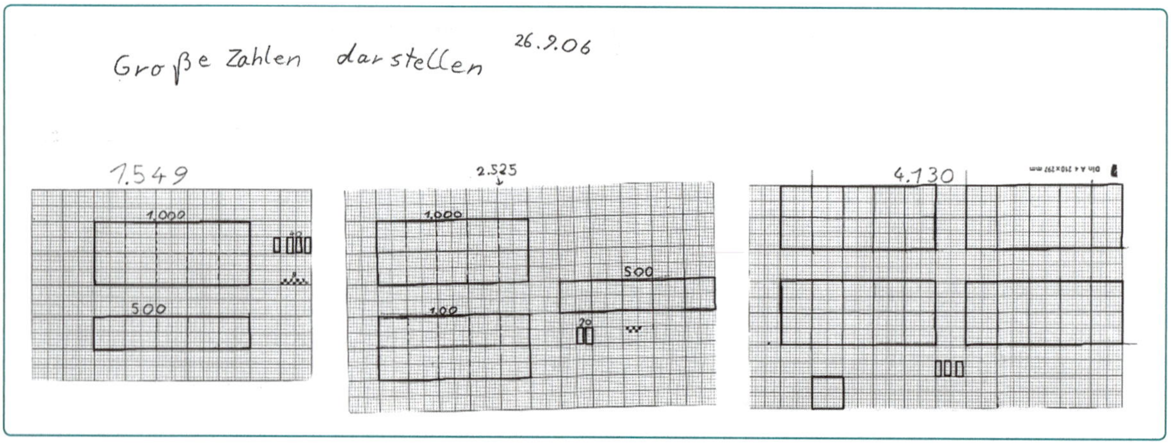

Abb. 21: Tim kann große Zahlen darstellen.

In das Lerntagebuch können leicht Blätter wie dieses Millimeterpapier eingeklebt werden. Bei der Darstellung großer Zahlen kann das Kind selbst auswählen, welche Zahl es gestalten möchte und gewinnt dabei ein erstes Verständnis über den erweiterten Zahlenraum.

Rechnen nach Adam Ries

Um einen etwas anderen Blick auf das Stellenwertsystem zu erhalten, sollten die Schülerinnen und Schüler auch historische Formen der Stellenwerttafel kennenlernen. Ein im Mittelalter gebräuchliches Rechenverfahren unter Händlern und Kaufleuten war das sogenannte „Rechnen auf Linien“, das in einem Lehrbuch von Adam Ries ausführlich – und zwar in deutscher Sprache – beschrieben wurde. Dazu wurden Linien nach einen bestimmten System auf Tische, Tücher oder Bretter gezeichnet, was im Folgenden noch genauer erläutert wird.

Auf die Frage „Wer war Adam Ries?“ wissen manche Viertklässler zu antworten, dass er ein berühmter Mathematiker war. Wie er gerechnet hat, kann dann im Unterricht thematisiert werden.

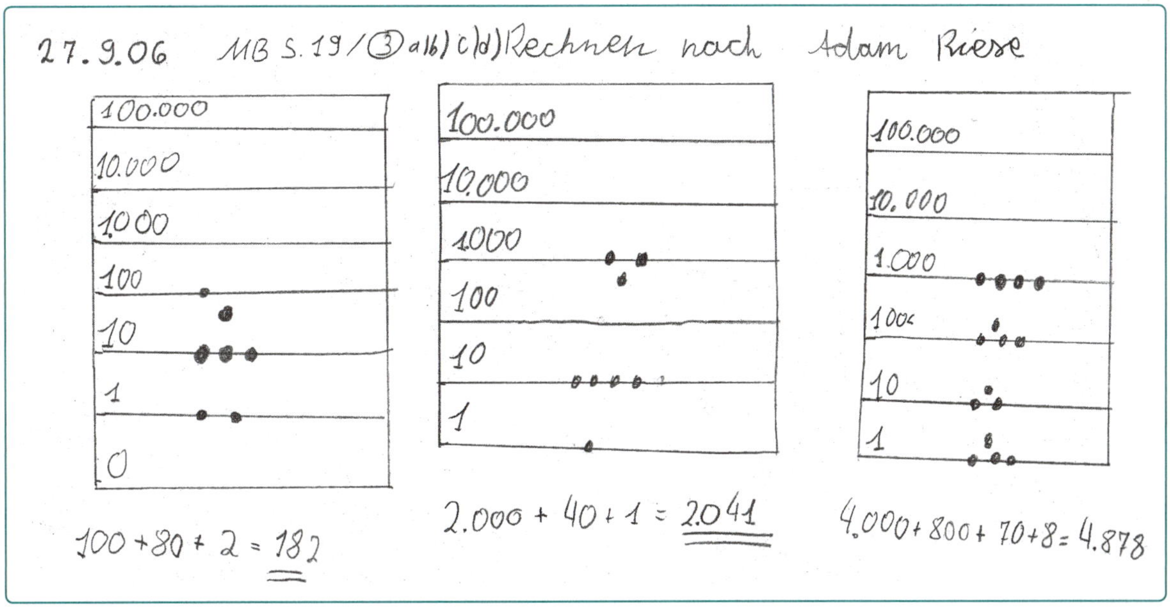

Abb. 22: Kathrins Zahlen auf dem Rechentuch

Die Linien markieren von unten nach oben Einer, Zehner, Hunderter usw. Dazwischen liegen 5, 50, 500, ... Beim Addieren werden beide Zahlen gelegt; dann werden die Rechenpfennige zusammengeschoben und schrittweise getauscht. Für fünf Rechenpfennige auf einer Linie wird ein Rechenpfennig in den Zwischenraum gelegt, für zwei Steine im Zwischenraum wird ein Stein auf die nächsthöhere Linie gelegt. Diesen Vorgang nennt man nach Adam Ries „Bereinigen“ oder „Elevieren.“ (vgl. Matheprofis 4, Lehrerhandbuch S. 94/95).

Nachdem die Schüler das Rechnen nach Adam Ries verstanden haben, können sie eigene Zahlen und Rechnungen im Lerntagebuch darstellen. Zuerst kann der Zwischenraum in der Stellentafel auch ausgelassen werden, da er die Kinder am Anfang verwirren könnte. Nach mehreren Aufzeichnungen kann dann auch mit Zwischenraum gearbeitet werden.

3.1.3 Aufgabenbeispiele für den jahrgangsgemischten Unterricht (1./2. Schuljahr)

Im jahrgangsgemischten Unterricht gibt es für die Schüler viele gemeinsame Anlässe, über mathematische Sachverhalte nachzudenken und kooperativ an die Arbeit zu gehen. In diesem Kontext erhält das sozial-interaktive Lernen eine noch stärkere Gewichtung als im jahrgangsbezogenen Unterricht. Bevor ich als Lehrerin praktische Erfahrungen in der Schuleingangsphase, in der Erst- und Zweitklässler gemeinsam unterrichtet werden, sammeln konnte, ahnte ich nicht, wie viele sinnstiftende Anlässe und Möglichkeiten sich aus dem gemeinsamen Unterricht ergeben würden. Erst während meines ersten Jahres in einer jahrgangsgemischten Klasse ist mir die Bereicherung durch diese Form des Lernens beispielhaft bewusst geworden.

Unabdingbare Voraussetzungen für einen anregenden und erfolgreichen Unterricht in jahrgangsgemischten Klassen sind sowohl die Öffnung von Unterricht als auch die Gewährleistung der natürlichen Differenzierung. Beides kann verhindern, dass Kinder sich über- oder unterfordert fühlen. Generell möchte ich betonen, dass hier nicht ein Idealbild verherrlicht werden soll, sondern ich zu der realistischen Erkenntnis gekommen bin, dass nicht alle Kinder konstant und immer zur gleichen Zeit in gleichem Maße individuell gefordert bzw. gefördert werden können. Durch die persönliche Unterrichtspraxis hat sich bestätigt, dass es „in keiner Organisationsform ein Niveau geben kann, das für alle Kinder passt – auch im jahrgangsübergreifenden Unterricht nicht“ (vgl. Nührenbörger / Pust 2006, S. 16). Im Rahmen dessen hat das Lerntagebuch als zentrales Medium umso mehr eine wichtige, sich an dieses Ideal annähernde Funktion der Differenzierung übernommen. Die Erfahrung mit einer heterogenen Lerngruppe hat gezeigt, dass das Unterrichten durch vorgegebene Lehrwerke, die nur in Ansätzen ein jahrgangsgemischtes Lernen berücksichtigen, eher erschwert wird. Denn es ist nicht von der Hand zu weisen, dass sich eine strukturelle Anpassung an diese offene Art des Lernens im Rahmen eines Buches als eher schwierig erweist und von den meisten Werken nicht geleistet werden kann bzw. wird. Offene Unterrichtsbücher (wie z.B. „Die Matheprofis“) beinhalten noch das meiste Potenzial zur Individualisierung des Lernens und können der Lehrerin bei der Initiierung offener Lernarrangements die meiste Unterstützung bieten. Ausgehend von diesen Überlegungen hat sich die Arbeit mit Lerntagebüchern als sehr vorteilhaft erwiesen. Allerdings ist hier ist nun das pädagogische Gespür der Lehrerin für offene Aufgabenstellungen gefragt. Auf Basis einer Übersicht der Themen des Lehrplans, die bearbeitet werden müssen, werden nun bei der Vorbereitung zu Beginn des Schuljahres für jeden Komplex Aufgabenstellungen zusammengetragen, die entweder gemeinsam oder gleichzeitig auf verschiedenen Niveaus (strukturgleiche Aufgaben) bearbeitet werden können. Besonders geeignete Anregungen für solche Aufgabenstellungen finden sich unter anderem im Buch von Marcus Nührenbörger und Silke Pust (vgl. Nührenbörger/Pust 2006) und in den Materialien zum jahrgangsübergreifenden Unterricht (Die Matheprofis. Lehrermaterialien extra: Offene Lernangebote; Die Matheprofis: Karteikarten. Schütte (Hrsg.) 2010).

Offene Aufgaben sammeln

Im Folgenden sollen nun einige Lernarrangements vorgestellt und kurz erläutert werden, die sich im Rahmen des jahrgangsgemischten Unterrichts bewährt haben:

- Murmeln verteilen
- Strukturgleiche Aufgaben- und Übungsformate (Zahlenhäuser, Rechnen im Duett)
- Tigerfrage – Bärenantwort

Ein umfassendes Angebot für den jahrgangsübergreifenden Unterricht mit vielen Beispielen für gemeinsames Lernen, Lernen in heterogenen Tandems und auch in leistungshomogenen Gruppen erscheint 2010 im Oldenbourg Schulbuchverlag (Schütte (Hrsg.) 2010).

Eine Knobelaufgabe: Murmeln verteilen

Abb. 23: Adrians und Finns Ergebnis aus der Partnerarbeit (beide 1. Schj.)

Adrian hat in einem ersten Schritt versucht, gemeinsam mit seinem Partner Finn die Aufgabe mit Material zu lösen. Zunächst haben sie 20 Plättchen gerecht unter sich aufgeteilt. Dabei wurden immer zwei nebeneinander angeordnet. Dann haben sie versucht, die Plättchen so geschickt zu verschieben, dass ein Kind vier Plättchen mehr hat. Im Anschluss daran haben die Jungen ihre Lösung ins Lerntagebuch gezeichnet.

Auf einer höheren Niveaustufe in einem größeren Zahlenraum arbeiteten Kinder, die diese Aufgabe auswählten:

Lars, Tabea und Paul sammeln Kastanien.
Sie zählen 117 Stück.
Sie wollen die Kastanien gerecht unter sich verteilen.

Auch in diesem Beispiel bot es sich an, der Lösung mit Material (echte Kastanien oder strukturiertes Material) näher zu kommen. Falilat und Miriam fertigten für die drei Kinder eine Tabelle an und legten jeweils vier Zehnerstangen für jedes Kind.

Falilat / Miriam:	„Es sind aber zu viele!" konnten sie aufmerksam feststellen. „Genau drei."
Lehrerin:	„Wie könntet ihr das Problem lösen?"
Falilat / Miriam:	„Wir können eine Zehnerstange eintauschen."

Nach längerem Überlegen fanden die Kinder heraus, dass jedes Kind eine Zehnerstange gegen Einer eintauschen muss.
Im Anschluss daran gelangten die Kinder zur Lösung des Problems und konnten sie im Lerntagebuch übersichtlich darstellen. Dieses Beispiel unterstreicht die Notwendigkeit der Gespräche zu offenen Aufgaben zwischen der Lehrkraft und den Kindern.

Abb. 24: Falilats Aufzeichnungen zur Knobelaufgabe (2. Schj.)

„Strukturgleiche Aufgaben"

Strukturgleiche Aufgaben weisen einen einheitlichen Aufbau bzw. das gleiche Prinzip auf und bieten sich vor allem im Rahmen der produktiven Übungen zu einem mathematischen Thema an. Nach dem gemeinsamen Kennenlernen des Formats können die Kinder sich auf unterschiedlichen Niveaustufen bewegen. Trotz unterschiedlicher Zahlenräume kann sich nach der Erarbeitungsphase eine gemeinsame Reflexion über gefundene Lösungen, unterschiedliche Strategien etc. anschließen, denn der grundsätzliche Gegenstand bleibt für die Kinder derselbe. Es bieten sich z.B. folgende Übungsformate an: Zahlenmauern, Zahlenhäuser, Rechendreiecke, Zauberdreieck, schöne Päckchen usw. (Materialien zum jahrgangsübergreifenden Unterricht zu „Die Matheprofis", Schütte (Hrsg.) 2010)

Beispiel: Zahlenhäuser

Eine zentrale Grundlage für das Verständnis von Anzahlen und der Addition können Kinder im Rahmen der Arbeit mit Zahlenhäusern erwerben. Sie schulen dabei ihre Fähigkeit, eine Zahl in zwei Summanden zu zerlegen bzw. eine Zahl als Zusammensetzung anderer Zahlen zu sehen. Diese Fähigkeit bildet eine wichtige Basis für das sichere und flexible Rechnen mit Zahlen.

Nührenbörger / Pust (2006) schlagen dieses Format für den jahrgangsgemischten Unterricht vor und bieten den Kindern differenzierende Aufgaben an, die sich zum einen hinsichtlich des gewählten Zahlenraums, zum anderen bezogen auf das Niveau des Aufgabenanspruches unterscheiden. Auch ich habe damit in meinem Mathematikunterricht in Klasse 1/2 gute Erfahrungen gemacht.

Zu Beginn der Beschäftigung mit Zahlenhäusern arbeiteten die Kinder als „heterogenes Paar“ (Erst- und Zweitklässler gemischt) an einem Zahlenhaus, den Zweitklässlern war dieses Format aus dem letzten Schuljahr bereits bekannt. Sie durften zwischen den Zahlenhäusern mit der Dachzahl 9, 20, 29 und 40 auswählen. Die Aufgabe lautete: „Wie viele Aufgaben findet ihr zu den Zahlenhäusern?“

Interessant bei der Bearbeitung war, wie die Zweitklässler ihr Wissen aus dem vorangegangenen Schuljahr in den Lösungsprozess mit einfließen lassen konnten. Meine Bedenken, dass einige leistungsstarke Kinder mit der Arbeit am „Zahlenhaus 9“ unterfordert sein würden, wurden sowohl durch den sozialen Anspruch, den jahrgangsgemischtes Arbeiten erzeugt, als auch durch die Bewältigung auf einer höheren Niveaustufe zunichte gemacht. Kinder, die als Erstklässler passende Aufgaben ohne bestimmte Regel in das Haus geschrieben hatten, waren nun bemüht, möglichst alle Aufgaben zu finden oder „eine Ordnung im Haus“ herzustellen. Diese Erfahrung unterstreicht die Tatsache, dass in heterogenen Lerngruppen nicht ausschließlich parallel in einem anderen Zahlenraum gearbeitet werden muss. Vielmehr sollte das Potenzial, das solch offene Aufgaben bieten, im Sinne der Bearbeitung auf einer höheren Niveaustufe ausgeschöpft werden. Gerade dort können prozessorientierte Kompetenzen wie z.B. das Problemlösen und Argumentieren in den Blick genommen und weiter ausgeprägt werden.

Im Anschluss daran bietet es sich jedoch an, den Zahlenraum für die leistungsstärkeren Schüler zu erweitern; dabei sollten die Kinder nach ihren Voraussetzungen entscheiden, welches Niveau sie bearbeiten möchten. Eine Beratung durch die Lehrerin ist an dieser Stelle unabdingbar.

Nührenbörger / Pust haben die Aufgaben in einem „Zahlenhäuserbuch" zusammengefasst und den Schwierigkeitsgrad je mit einem Stern oder zwei Sternen gekennzeichnet. Bei der Arbeit mit dem Lerntagebuch könnte man den Kindern die einzelnen Aufgaben auch auf Karten zur Verfügung stellen und einkleben lassen.

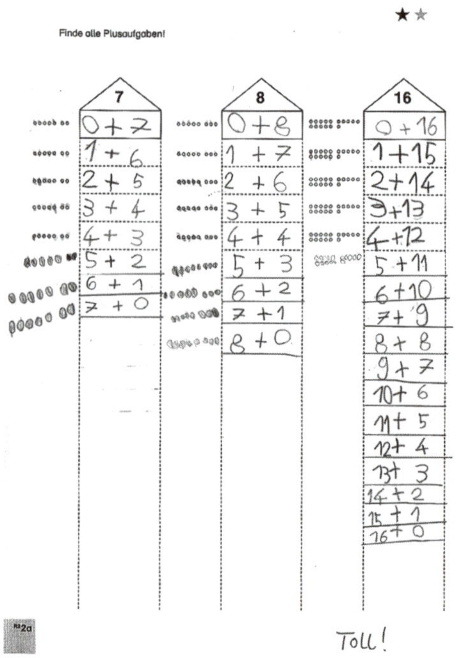

Abb. 25: Paul (1. Schj.) ist strukturiert vorgegangen.

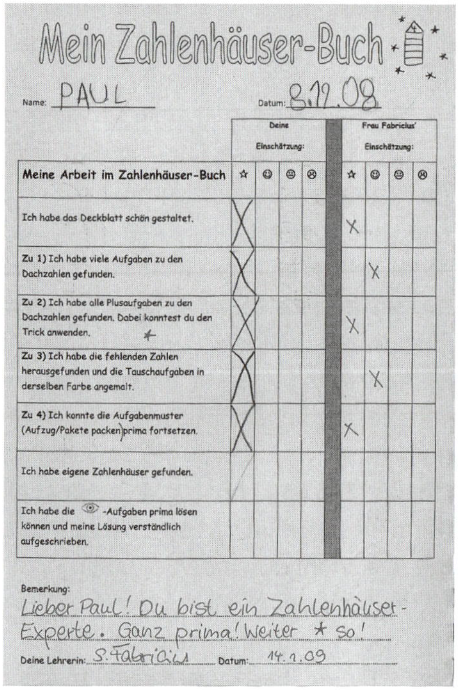

Mein Zahlenhäuser-Buch

Name: PAUL Datum: 8.12.08

Meine Arbeit im Zahlenhäuser-Buch	Deine Einschätzung: ☆	☺	😐	☹	Frau Fabricius' Einschätzung: ☆	☺	😐	☹
Ich habe das Deckblatt schön gestaltet.	X				X			
Zu 1) Ich habe viele Aufgaben zu den Dachzahlen gefunden.	X					X		
Zu 2) Ich habe alle Plusaufgaben zu den Dachzahlen gefunden. Dabei konntest du den Trick anwenden. ★	X				X			
Zu 3) Ich habe die fehlenden Zahlen herausgefunden und die Tauschaufgaben in derselben Farbe angemalt.	X					X		
Zu 4) Ich konnte die Aufgabenmuster (Aufzug/Pakete packen) prima fortsetzen.	X				X			
Ich habe eigene Zahlenhäuser gefunden.								
Ich habe die 👁-Aufgaben prima lösen können und meine Lösung verständlich aufgeschrieben.								

Bemerkung: Lieber Paul! Du bist ein Zahlenhäuser-Experte. Ganz prima! Weiter ★ so!

Deine Lehrerin: S. Fabricius Datum: 14.1.09

Abb. 26: Einschätzungsbogen zu Pauls Zahlenhäuserbuch

„Rechenduette" oder „Rechnen im Duett"

Beim Rechnen „im Duett" arbeiten in der Regel zwei Kinder zusammen an Aufgaben zum gleichen Thema. Dabei können sich die Schülerinnen und Schüler durch ihre Handlungen zur Lösungsfindung ergänzen und durch ihre individuellen Fähigkeiten gegenseitig Anregungen geben. Nach Nührenbörger / Pust erfolgt die Notation der Lösungen auf Karten, die die einzelnen Kinder sich je nach Arbeitstempo nehmen können. Erst am Ende der Bearbeitung soll ein aktiver, kommunikativer Austausch der Partner stattfinden. In meinem jahrgangsgemischten Unterricht haben wir oft „im Duett" gerechnet, denn die gemeinsame Bewältigung einer Aufgabe schult die kommunikativen Fähigkeiten der Schüler und unterstreicht die Produktivität des gemeinsamen Lernens. Dabei haben wir „Koproduktionen", bei denen die Kinder eigene Aufgaben bei vorgegebenen Strukturen bearbeiten müssen, ebenfalls „Rechnen im Duett" genannt. Dieser Ausdruck ist kindgemäßer und vermittelt den Schülern, dass sie nun gemeinsam mathematisch aktiv werden. Für ein kooperatives und problemorientiertes Bearbeiten bietet es sich an, mit den Kindern einen mathematikbezogenen Wortschatz aufzubauen und einzuüben, um in diesen Situationen sprachlich adäquat handeln zu können.

Mit den Kindern einen Mathematik-Wortschatz aufbauen

„Tigerfrage – Bärenantwort"

In meiner jetzigen jahrgangsgemischten Klasse heißen die Erstklässler „Tiger", die Zweitklässler „Bären". Diese Art der Bezeichnung der unterschiedlichen Lerngruppen hat sich bei allen organisatorischen Angelegenheiten als vorteilhaft herausgestellt. Die Idee erhielt ich durch Janosch's Tiger- und Bärengeschichten. Denkbar wären auch andere Namen. In meinem Unterricht arbeiten in der Regel ein „Tiger" und ein „Bär" miteinander, sie helfen und unterstützen einander, beflügeln und ergänzen sich durch eigene Ideen. Grundsätzlich aber dient diese Unterscheidung nur der groben Einordnung in verschiedene Niveaustufen; freie Entfaltungsmöglichkeiten der Kinder in unterschiedlichen mathematischen Zusammenhängen sollen damit nicht eingeschränkt werden. Es sollte darauf geachtet werden, die Paare so zusammenzustellen, dass das „Leistungsgefälle" nicht zu groß ist, damit die Kinder auf ihrem Niveau arbeiten können. Im Vergleich zu den „Koproduktionen" stellt ein „Tiger" eine Aufgabe zu einem vorgegebenen Thema, z.B. „Findet Aufgaben zur Zahl 10." / „Findet Aufgaben, die zusammengehören." Der „Bär" muss eine analoge Aufgabe im Zahlenraum bis 100 (oder eventuell auch darüber hinaus, die Grenze sollte nach oben hin offen gehalten werden) finden. Auf diese Weise erhalten die Erstklässler bereits spielerisch erste Einblicke in das Zehnersystem und die Strukturierung des Hunderterraumes (vgl. Abb. 27, S. 50).

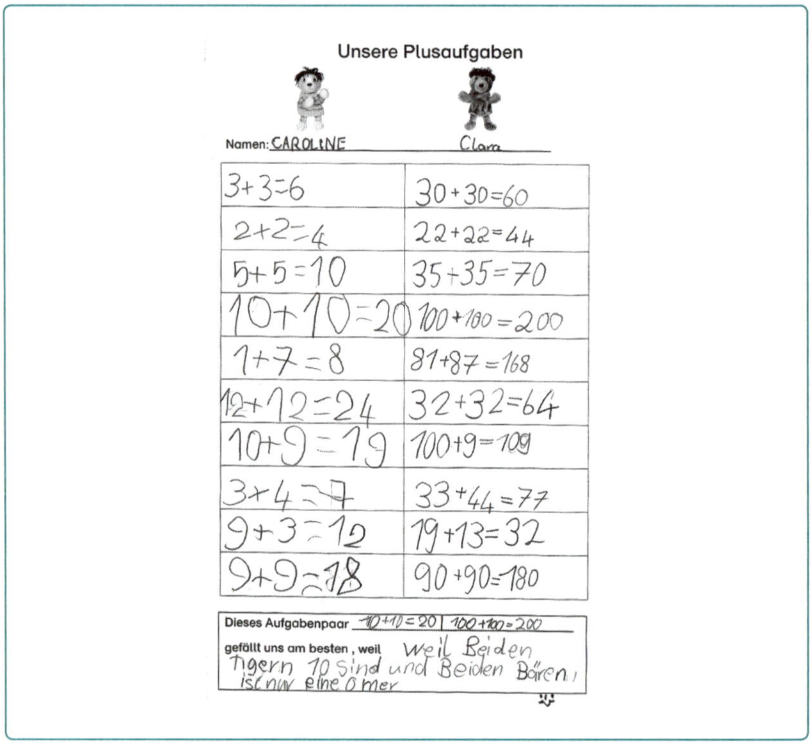

Unsere Plusaufgaben

Namen: CAROLINE Clara

3+3=6	30+30=60
2+2=4	22+22=44
5+5=10	35+35=70
10+10=20	100+100=200
1+7=8	81+87=168
12+12=24	32+32=64
10+9=19	100+9=109
3+4=7	33+44=77
9+3=12	19+13=32
9+9=18	90+90=180

Dieses Aufgabenpaar 10+10=20 | 100+100=200
gefällt uns am besten, weil Weil Beiden Tigern 10 sind und Beiden Bären, ist nur eine 0 mer

Abb. 27: Clara und Caroline haben gemeinsam Plusaufgaben gefunden.

In der unterrichtlichen Praxis überdecken sich die vorgestellten Lernarrangements hin und wieder bzw. werden kombiniert. Außerdem liegt es in der pädagogischen Freiheit der Lehrerin, diese Lernarrangements unter Berücksichtigung der Voraussetzungen der Lerngruppe zu modifizieren. Darüber hinaus bieten sich die unterschiedlichen Lernarrangements im Unterricht je nach Thema einmal mehr, einmal weniger an, sie sollten also je nach didaktischer Zielvorgabe adäquat ausgewählt werden.

In allen Lernformen sollten die Kinder beraten und begleitet werden, denn bei der Differenzierung vom Kinde aus können sich Kinder unter- oder überschätzen. Das gehört zu einem selbstgesteuerten Lernprozess ganz selbstverständlich dazu. Die Lehrerin sollte jedoch als regulierende und beobachtende Kraft mit ihrem pädagogischen Geschick positiv einwirken, indem sie angefertigte Lösungen mit den aktuellen Kompetenzerwartungen an die einzelnen Schülerinnen und Schüler vergleicht.

3.2 Wie man mit Eigenproduktionen im Unterricht weiterarbeiten kann

Eigenproduktionen von Kindern können in mündlicher und schriftlicher Form entstehen. Charakteristisch ist, dass die Schüler selbst darüber entscheiden, wie sie einen Arbeitsauftrag bewältigen. Im Rahmen der Arbeit mit Lerntagebüchern sind die schriftlichen Ergebnisse unmittelbar ablesbar und zeitlich immer verfügbar, was in Bezug auf die Leistungsbeobachtung und -beurteilung von Vorteil ist. Die Aufzeichnungen der Kinder werden aber auch ständig durch wertvolle Beiträge in mündlicher Form ergänzt. Schriftliche Eigenproduktionen sind gerade mit Blick auf die Leistungseinschätzung nicht isoliert zu betrachten, sondern immer im Kontext der Kommunikation zwischen Kind und Lehrerin oder den Kindern untereinander zu sehen. Im Folgenden beschränke ich mich schwerpunktmäßig auf die schriftlichen Eigenproduktionen.
Auf den vorangegangenen Seiten sind Schülerbeispiele und verschiedene Unterrichtsformen vorgestellt worden, im Rahmen derer die Kinder zu Eigenproduktionen angeregt werden. Dabei werden wichtige Fragen aufgeworfen:

Wie gehe ich als Lehrerin mit den individuellen Schülerergebnissen um?

Welches didaktische Potenzial bieten sie für den einzelnen Schüler/ für andere Mitschüler / für die gesamte Lerngruppe?

Behutsam mit Ergebnissen umgehen

Auf den Umgang mit den Kinderlösungen „in der Öffentlichkeit" wird in Kapitel 5 detailliert eingegangen. Grundsätzlich ist den individuellen Lösungen der Kinder mit pädagogischer Sensibilität zu begegnen – und das sollte wirklich ernst genommen werden. Wichtig ist, dass die Schülerinnen und Schüler sowohl während als auch nach Fertigstellung einer Aufgabe gelobt und zu weiteren Eigenproduktionen ermuntert werden. Dabei müssen sie angeregt werden, eventuell auch noch andere Lösungsvarianten auszuprobieren, einen eingeschlagenen Weg zu reflektieren usw. Dadurch rücken Unterrichtsaktivitäten wie das Vor- und Nachmachen in den Hintergrund, kommunikative Fähigkeiten der Lehrerin wie das Anleiten von Gesprächen und Reflexionsphasen in den Vordergrund. Auch die Schülerinnen und Schüler sind in offenen Unterrichtsarrangements gefordert, intensiv miteinander zu kommu-

Über Eigenproduktionen kommunizieren

nizieren. Durch die Veröffentlichung der eigenen Lösung und den Austausch untereinander können die einzelnen Schülerprodukte wertvoll für die Gemeinschaft werden. Das sozial-interaktive Lernen, das als Lernen voneinander und miteinander verstanden werden kann, erhält im heutigen Mathematikunterricht der Grundschule neben dem aktiv-entdeckenden Lernen eine große Bedeutung. Die Präsentation der Ergebnisse im öffentlichen Rahmen der Klasse ist dabei genauso wichtig wie der individuelle, jedem Kind vorbehaltene Prozess der Eigenproduktion. Dabei werden wichtige Kompetenzen wie das Reflektieren über verschiedene Lösungswege und Strategien ebenso wie das Argumentieren und Begründen geschult. In diesem Zusammenhang ist noch darauf hinzuweisen, dass zuerst einmal grundsätzliche Gesprächsregeln in der Klasse eingeführt werden sollten. Ein höflicher Umgangston ist ebenso wichtig wie das Aussprechenlassen, das Warten, bis man an der Reihe ist, das aufmerksame Zuhören usw. Erst auf der Basis einer angenehmen und rücksichtsvollen Gesprächsatmosphäre kann eine auf mathematische Themen gerichtete Kommunikation erfolgreich initiiert werden.

Voraussetzung: Gesprächsregeln einführen

Schülerinnen und Schüler kommen gerne über ihre individuellen Ergebnisse ins Gespräch; Kommunikationsanlässe, entweder in der Klein- oder in der Großgruppe, sollten regelmäßig erfolgen. Dabei ist die Ergiebigkeit dieser Kommunikation auch abhängig von der mathematischen Tragweite bzw. Bedeutung der gestellten Aufgabe. So kann über die Darstellung der Lieblingszahl nicht so ausführlich gesprochen werden wie z.B. über die Lösungswege zu Knobel- oder Denkaufgaben, dennoch sind Lebensbezüge interessant und lernrelevant für die Kinder. Solche Aufgaben dienen der Abfrage des Vorwissens und können als ein erster Schritt im Mathematikunterricht auch die Funktion des Motivationsaufbaus übernehmen. Diese Arbeiten gehören folglich ebenso zum Mathematikunterricht wie die Auseinandersetzung mit komplexen Aufgabenstellungen. Hingegen bieten aktiv-entdeckende Anforderungen, wie z.B. beim produktiven Üben, die Möglichkeit, in der sich anschließenden Gesprächsrunde über wichtige mathematische Gesetzmäßigkeiten zu sprechen.

Somit stellen auch die Arbeiten im Lerntagebuch je nach Aufgabe ein unterschiedliches Maß an mathematischem Reflexionspotenzial bereit. Die sich in der Regel stets anbietenden Gesprächsanlässe können unterschiedliche Funktionen haben:

Eine Präsentation dient in der Regel der Wertschätzung der einzelnen Schülerdokumente und kann einer Reflexion, je nach didaktischem Schwerpunkt, auch zeitlich vorangestellt werden. Im Folgenden wird ein Beispiel für den Austausch der Schüler untereinander angeführt, jedoch können die Eigenproduktionen auch in einem kleineren Rahmen, eventuell dem Partner oder einer Kleingruppe (z.B. den Kindern am Gruppentisch), vorgestellt werden.

„Museumsrundgang“ als Präsentationsraum und Anlass für Austausch

BEISPIEL: Zu Beginn des 1./2. Schuljahres gestalten die Kinder ihre Lieblingszahl im Lerntagebuch (vgl. S. 25, Kap. 3.1.2). Im Anschluss daran wird in der Klasse ein „Museumsrundgang“ durchgeführt. Auf ein akustisches Signal hin oder beim Einsetzen einer ausgewählten Musik (z.B. Entspannungsmusik, klassisches Musikstück) legen die Schülerinnen und Schüler ihr Lerntagebuch mit der aktuell erstellten Aufgabe an ihren Platz, schieben ihren Stuhl an den Tisch und gehen leise durch die Klasse. Dabei darf sich ausschließlich flüsternd zu den präsentierten Ergebnissen ausgetauscht werden. Sinnvoll ist es, die Kinder an die Kriterien zu erinnern bzw. die gemeinsam zusammenzutragen, die bei der Anfertigung der Aufgabe von Bedeutung waren. Dabei sollte man sich auf wenige Aspekte beschränken. Im Anschluss an den „Rundgang“ können die angeschauten Ergebnisse anhand der vorher festgelegten Kriterien reflektiert werden. Denkbar wäre, dass die Lieblingszahl ansprechend gezeichnet werden und mathematisch korrekt geschrieben sein soll. Eventuell können solche Ziele auch schriftlich, für die Kinder transparent und gut lesbar, festgehalten werden. Wichtig ist darüber hinaus, dass die Kinder in der Lage sind, sich einer angemessenen Sprache zu bedienen, um anderen Mitschülern mit einer konstruktiven Kritik begegnen zu können. Zudem sollte ihnen bewusst sein, dass man andere Kinder mit einem vernichtenden Urteil verletzen kann. Die pädagogischen Grundsätze, die wir als Lehrkraft beachten, sollten wir auch an die Kinder weitergeben, sodass sie in einer das Selbstvertrauen stärkenden Lernatmosphäre gefördert werden können. So könnte ein Plakat die Schülerinnen und Schüler stets an die Regeln innerhalb der Reflexionsphasen erinnern, denen eine Präsentation vorangegangen ist.

Vertrauen stärkende Lernatmosphäre

Reflexion als Kommunikationsraum zur Sammlung mathematischer Erkenntnisse

Wie anhand des angeführten Beispiels veranschaulicht, können Präsentation und Reflexion miteinander kombiniert werden; in diesem Fall erhielt der Präsentationscharakter aufgrund der vorher gestellten Aufgabe mehr Gewichtung. Demgegenüber sind aber vor allem die

„mathematischen Gespräche“ (vgl. Schütte 2008, S. 168 ff.) interessant, in denen der reflexive Charakter mit Blick auf ein mathematisches Problem eine stärkere Bedeutung erhält. Eine sinnvolle Kommunikation kann in Partnerarbeit, in der Gruppe oder mit der gesamten Klasse geführt werden.

Selbstreflexion

Selbstreflexion als innerpersonaler Dialog

Nicht vernachlässigt werden soll das „Gespräch des Kindes mit sich selbst“ in schriftlicher Form, im Rahmen dessen es seine Lösungen überdenken und kommentieren kann. Dieser Dialog mit der eigenen Person verlangt von den Schülerinnen und Schülern ein gewisses Abstraktionsvermögen, aus den Gedanken um die eigene Lösung herauszutreten und diese objektiv von „außen“ zu betrachten. Kinder lernen diese Sicht auf ihre Eigenproduktionen, indem sie – unterstützt durch eine Leitidee bzw. Leitfrage, wie z.B. „Wie bist du zu deiner Lösung gekommen?“ / „Was denkst du über deinen Lösungsweg?“ / „Was hast du gelernt?“–, über ihre Ergebnisse nachdenken und sie einschätzen.

„Das Schreiben führt zu einer distanzierten Betrachtungsebene. Gallin / Ruf betonen, dass der Prozess des Schreibens das Kind in Distanz zu seiner singulären Welt und somit bereits auf den Weg zum Divergierenden bringen kann, indem es z.B. einem anonymen Gegenüber seine Ergebnisse darzustellen versucht.“ (Schütte 2008, S. 166; vgl. auch Gallin / Ruf 1990)

BEISPIEL: Im 1. Schuljahr haben die Kinder eigene Zahlenmauern erfunden und teilweise mit Kommentaren versehen. Carolin hat sie mit den Worten „Cool“, „nicht so“ und „mittel cool“ kommentiert. In diesem Kontext wurde nicht auf die Rechenfehler in ihrer oberen Zahlenmauer eingegangen (s. Abb. 28).

Abb. 28: Carolins „coole“ Zahlenmauern (1. Schj.)

Partnergespräche

Gespräche mit dem Partner finden vor allem im jahrgangsübergreifenden Unterricht regelmäßig, aber auch in jahrgangsbezogenen Klassen häufig ganz automatisch statt. Gemeint sind die Gespräche, die sich aus speziellen (oben beschriebenen) Lernumgebungen ergeben können; dabei ist der kommunikative Austausch Teil der eigentlichen Aufgabe und Bestandteil der Lösungsfindung. Partnergespräche können auch als Zwischenreflexion dienen und verschiedene Funktionen aufweisen. Zum einen können sie den Schülerinnen und Schülern über die Vorgehensweise des Partners Aufschluss geben. Vor allem bei einer komplexen und problemorientierten Aufgabenstellung bietet es sich an, einen Austausch zwischen den Kindern anzuregen. Eine Reflexion kann aber ebenso nach Abschluss des Lösungsfindungsprozesses zur gegenseitigen Kontrolle oder Einsicht in den eingeschlagenen Lösungsweg dienen. Am Ende könnten auch gemeinsame Lösungen und Erkenntnisse gesondert – als Ergebnis der Partnerarbeit – schriftlich fixiert werden. Im Rahmen des Mathematikunterrichts halte ich es für notwendig, bei der Zusammensetzung der Paare als Lehrerin Einfluss zu nehmen, damit der Austausch während der Arbeitsphase „befruch-

Geeignete Paarkombinationen

tend“ wirken und der erfolgreichen Bewältigung der Aufgabe dienlich sein kann. Eine Kooperation unter Kindern, die auf derselben bzw. einer ähnlichen Entwicklungsstufe stehen, erscheint sinnvoll. Letzteres wäre optimal, denn dann können die Schülerinnen und Schüler sich gegenseitig weiterbringen. Sind die Kompetenzunterschiede jedoch groß, werden beide Partner die Zusammenarbeit in der Regel nicht als zufriedenstellend empfinden.

Gruppengespräche

Kommunikationsanlässe in der Gruppe sind denen innerhalb der Partnerarbeit ähnlich, was den Verlauf betrifft. Der Unterschied liegt jedoch darin, dass die Streuung der Ergebnisse je nach Aufgabe breiter ist und eine Vielfalt an Lösungsmöglichkeiten der einzelnen Kinder „auf den Tisch“ kommen kann. Dabei sollte der Arbeitsauftrag während der Gruppenarbeit sehr klar formuliert werden (eventuell sogar schriftlich) und damit für die Kinder verbindlicher sein.

BEISPIEL: Im Geometrieunterricht arbeiteten die Schülerinnen und Schüler mit dem Geobrett. Der Auftrag lautete, so viele verschiedene Quadrate und Dreiecke wie möglich zu spannen und in eine Zeichnung zu übertragen. Zur Zwischenreflexion trafen sich die Kinder in der Kleingruppe und verglichen ihre gefundenen Lösungen miteinander. Dabei kamen sie sehr tiefgründig ins Gespräch darüber, welche Formen identisch oder verschieden seien und welche (mathematischen) Beweise seitens der Kinder dazu herangezogen werden könnten. Ein Kind schlug vor, die Formen auszuschneiden und dann zur Kontrolle übereinanderzulegen. Ein Mitschüler argumentierte mit der Drehung der Formen, die zu einer Kongruenz führte. „Wenn du das Dreieck drehst, ist es dasselbe wie das!“ Solche Zwischenreflexionen sensibilisieren die Kinder für den mathematischen Inhalt der Aufgabe und erweitern ihren eigenen Grad der Erkenntnis um die Erfahrungen und Entdeckungen, die die anderen gemacht haben. In der Großgruppe bekamen alle die Gelegenheit, ihre Ergebnisse an einer Magnettafel zu präsentieren. Dabei wurden ebenfalls wieder kongruente Formen gefunden und „Beweisaktivitäten“ zur Diskussion gestellt. Gemeinsam wurden durch den regen Austausch sämtliche Lösungen gefunden und an einer für alle Kinder sichtbaren Tafel als „Wandzeitung“ befestigt. In den darauffolgenden Stunden wurden die Ergebnisse zeichnerisch und sprachlich im Lerntagebuch festgehalten.

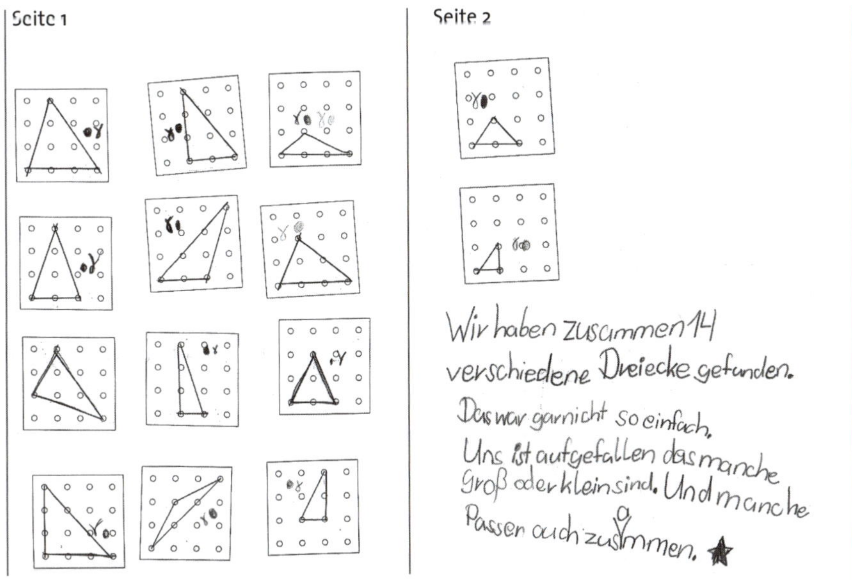

Abb. 29: Katharinas Gruppe hat im Gespräch miteinander wichtige Entdeckungen gemacht.

Eigenproduktionen als Grundlage für neue Aufgabenstellungen nutzen

Im arithmetischen Bereich können im Anschluss an eine Aufgabenstellung auch geeignete Eigenproduktionen kopiert und als neues Arbeitsblatt verwendet werden. Die Produktionen der Kinder dienen somit als neue Aufgabenstellungen für die Klasse. Einmal sollten die Kinder beispielsweise Denkaufgaben für die Klasse schreiben, die erst in der Partner-/Gruppenarbeit auf Verständlichkeit und Richtigkeit geprüft wurden, d.h. die Entwürfe wurden getauscht und von Mitschülern gelöst und bewertet. Später wurden die Eigenproduktionen der Kinder als Klassenkartei mit dem Titel „Unsere Denkaufgaben“ allen Schülerinnen und Schülern zur Bearbeitung in der Freiarbeit zur Verfügung gestellt.

Mathematische Gesprächsanlässe mit der ganzen Klasse finden in einem zentralen Treffpunkt / Sitzkreis des Raumes statt. Diese Art von „Mathematik-Konferenzen“ stellt für die Kinder im Rahmen des aktiv-entdeckenden und sozial-interaktiven Lernens einen wichtigen Kompetenzzuwachs der Erkenntnisaktivierung und Wissenssicherung dar. Die sprachlichen Fähigkeiten und Fertigkeiten der Kinder, das mathematische Sprachrepertoire, werden intensiv gefördert. Eigenproduktionen erhalten erst durch den aktiven Umgang mit ihnen im Unterricht ihren eigentlichen didaktischen Wert.

Wie mit Eigenproduktionen umgegangen werden kann (eine Zusammenfassung):

Grundlage: Allgemeine Gesprächsregeln vereinbaren

Präsentation von Eigenproduktionen

- „Museumsrundgang“ durch die Klasse
- Vorstellen im Gesprächskreis / in einer Mathe-Konferenz
- Mathematische „Wandzeitung“

Reflexion von Eigenproduktionen

Eigenreflexion:

- Wie habe ich es gemacht?
- War es schwierig für mich?
- Was habe ich dazugelernt?
- Welche Aufgabe fand ich interessant?
- Wie kann ich weiterarbeiten?

Partnergespräche:

Im Rahmen von

- „offenen Lernarrangements“
- „Rechenduetten“
- „Koproduktionen“
- „Tigerfrage – Bärenantwort“

Gespräche am Gruppentisch / in der Kleingruppe:

- Welche Lösungen haben wir gefunden?
- Haben wir alle Möglichkeiten gefunden?
- Wie war das für uns?
- Welche (Rechen-)Tricks können wir festhalten?
- Können wir uns auf eine Lösung / einen (Rechen-)Trick einigen und diese/n festhalten (vielleicht schriftlich)?
- usw.

Gespräche in der Klasse:

Alle Kinder oder ein zuvor ausgewähltes Mitglied jeder Gruppe stellen ihre Eigenproduktionen im Rahmen eines Klassengespräches vor. Dabei kann die Lehrerin folgende Impulse geben:

- Bestimmt habt ihr verschiedene Lösungen gefunden.
- Bestimmt ist euch etwas aufgefallen.
- Bestimmt habt ihr einen (Rechen-)Trick bei ... gefunden.

Verschiedene Eigenproduktionen werden vorgestellt:

- Lässt sich eine allgemeine Regel finden?
- Wer kann den (Rechen-)Trick ... noch einmal sagen?
- Was haben wir heute daraus gelernt?
- Wie hilft uns diese Erkenntnis in Zukunft im Mathematikunterricht?
- usw.

4 Individuelle Lernentwicklungen

4.1 Lernspuren – drei Beispiele

Die Lernwege von Grundschulkindern sind so unterschiedlich wie sie selbst. Ueli Hirt und Beat Wälti weisen in ihrem Buch „Lernumgebungen im Mathematikunterricht" (vgl. Hirt / Wälti 2008) ebenfalls auf die Berücksichtigung der unterschiedlichen Begabungen aller Kinder hin, die auch in jahrgangshomogenen Lerngruppen sehr divergieren können.

„Das Leistungsspektrum innerhalb einer Klasse streut nicht selten über zwei bis vier Schuljahre. Was für die einen einfach ist, ist für andere zu anspruchsvoll. Unterschiedliche Leistungsmöglichkeiten, aber auch individuelle Denkwege, Vorgehensweisen, Interessen und Darstellungen sollen im Unterricht nicht nur zugelassen, sondern auch gefördert werden." (ebd., S. 14)

Ich habe bereits an einer Reihe von Beispielen gezeigt, wie sich durch die Arbeit mit Lerntagebüchern im Unterricht hinreichende Möglichkeiten der natürlichen Differenzierung bieten, bei der durch eine offene Aufgabe sowohl langsam als auch schnell Lernende einen Zugang zu mathematischen Fragestellungen finden.

Auf den folgenden Seiten möchte ich nun die Lernwege von drei Kindern exemplarisch anhand ausgewählter Beispiele aus ihren Lerntagebüchern (1. bis 4. Schuljahr) aufzeigen. Damit soll das Entwicklungspotenzial hinsichtlich der Ausprägung bedeutsamer mathematischer Kompetenzen durch den Einsatz von Lerntagebüchern deutlich werden.

Bei den Eintragungen der Kinder im Lerntagebuch handelt es sich um mathematische Eigenproduktionen in Form von freien Aufgaben und Entdeckungen, um Darstellungen von Lösungswegen und Lösungsversuchen sowie um die Erklärung von Rechenwegen.

Um den pädagogischen Gehalt der Dokumentationen erspüren und als Anregung für die eigene Unterrichtspraxis nutzen zu können, ist es wichtig, die Lösungen auch aus der Perspektive der Kinder zu betrachten.

Abb. 30: Fabians erste mathematischen Spuren

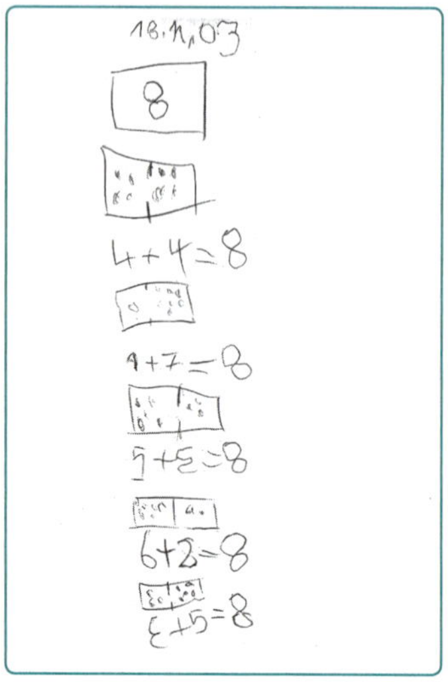

Abb. 31: Schüttelaufgaben zur Zahl 8

4.1.1 Fabian – Ein „Matheprofi" wird gefordert

Fabian ist ein sehr begabtes Kind mit faszinierenden Fähigkeiten im mathematischen Bereich. Er verfügt über eine rasche Auffassungsgabe und einen erheblichen Ideenreichtum, jedoch spielen ermutigende Anregungen der Lehrerin für sein Arbeiten eine große Rolle. Der ihm zur Verfügung gestellte Raum zur individuellen Entfaltung im Rahmen der Eigenproduktionen im Lerntagebuch war der Schlüssel für sein Interesse an umfangreichen, mathematischen „Forschungen". Die folgenden Beispiele aus den Schuljahren 1 – 4 veranschaulichen, wie Fabian sein Lernen kontinuierlich weiterentwickeln und von seiner mathematischen Kreativität Gebrauch machen konnte.

1. Schuljahr: Fabians Anfänge

Die Zahlen, die ich schon kenne

Zu Beginn des 1. Schuljahres kann auf die mathematischen Vorerfahrungen der Kinder eingegangen werden, indem sie aufschreiben, welche Zahlen sie schon kennen und welche zu ihren Lieblingszahlen gehören. Fabian kennt bereits die Ziffern von 1 – 12 und schreibt diese, zum Teil noch „gespiegelt", auf. (Ich vermeide hier bewusst den Begriff „spiegel*verkehrt*", denn diese Schreibweise ist für Schulanfänger unbedenklich.) Ob das Kind den Ziffern auch die richtigen Zahlenmengen zuordnen kann, sollte in mündlicher Form oder an anderer Stelle überprüft werden.

Die ersten Aufgaben mit der Schüttelschachtel

Mit einer Schüttelschachtel werden Aufgaben bzw. mögliche Zerlegungen, hier zur Zahl 8, erzeugt. Dabei durften sich die Kinder aussuchen, zu welcher Zahl geschüttelt, gezeichnet und geschrieben (symbolisch notiert) werden sollte. Fabian fand alle Zerlegungen, ohne die Tauschaufgaben mit zu berücksichtigen. Beim letzten Ergebnis fiel ihm auf, dass er das „irgendwie schon hatte". An dieser Stelle kann das Kind dazu angeregt werden, auch die Tauschaufgaben zu finden und sie neben die jeweilig passenden Aufgaben zu schreiben. Fabian hat dabei gelernt, dass eine Zahl wie die Acht aus einzelnen Zahlenwerten zusammengesetzt sein kann und mehrere Zerlegungen dieser Zahl existieren.

Vorher – Nachher / Die Kraft der Fünf

Bei dieser Aufgabe bekamen die Kinder in der Gruppe eine beliebige Anzahl von Schokolinsen (denkbar wären auch Muggelsteine oder Ähnliches), die sie so anordnen sollten, dass die Menge möglichst schnell zu erkennen war und sich übersichtlich im Lerntagebuch festhalten lassen konnte. Der Begriff „Kraft der Fünf" war bereits bekannt und wurde hilfreich auf diese Aufgabe angewendet. Fabian hat das Ergebnis der Gruppenarbeit sauber aufgezeichnet und die Zerlegung in drei Fünfer und einen Vierer in einer Aufgabe notiert. Dass die Kraft der Fünf zur Erleichterung der Mengenbestimmung beiträgt, hat er kindgemäß in der Formulierung „Die Kraft der 5 ist wirklich gut" zum Ausdruck gebracht. Die Namen der Gruppenmitglieder wurden ebenfalls festgehalten. Nicht nur das Verständnis zur Strukturierung einer Menge wird mit dieser Aufgabe geschult, sondern auch die schriftliche Fixierung mathematischer Lösungen. Fabian ist bereits in der Lage, seine Gedanken zu einer mathematischen Fragestellung klar und übersichtlich aufzuschreiben.

Abb. 32: Die Kraft der Fünf

Fabians Zahlenmauer

Fabian bekam im Rahmen des Übungsformates „Zahlenmauern" den Auftrag, eine eigene Zahlenmauer ins Lerntagebuch zu zeichnen. Da die Kinder den Zahlenraum selbst bestimmen konnten, werden an diesem Beispiel Fabians Rechenkünste deutlich, mit denen er sich weit über den Zahlenraum des 1. Schuljahres hinaus bewegt. Durch die freie Seite im Lerntagebuch konnte er immer wieder „anbauen" und die Zahlenmauer auf der Basis seines Leistungsniveaus ergänzen (vgl. auch Kap. 6.1, S. 123 ff.).

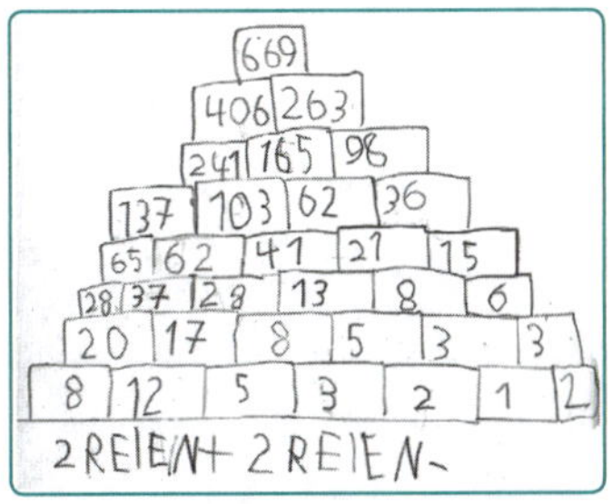

Abb. 33: Fabians Zahlenmauer

Fabian kann seine Entdeckungen aufschreiben

Zum Thema „Spiegelaufgaben" fand Fabian zahlreiche Lösungen, die er chronologisch anordnete, bis die Seite im Lerntagebuch ausgefüllt war. Für ihn war die Aufgabe insofern erschöpft, als dass er im Rahmen der Bearbeitung zu der Erkenntnis gelangt war, dass es unendlich viele Lösungen geben muss, was er auch in schriftlicher Form fixierte.

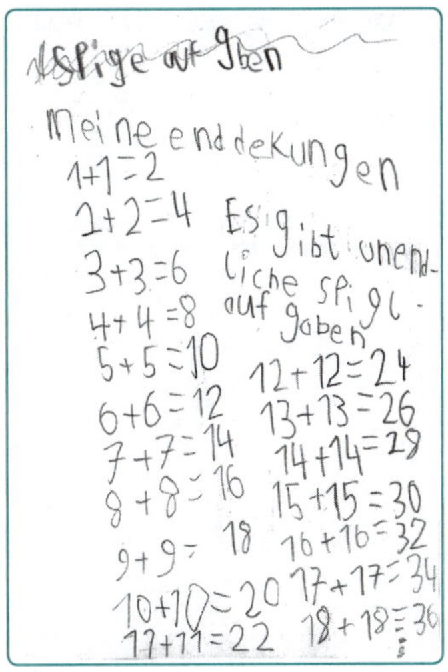

Abb. 34: Fabians Entdeckungen

Abb. 35: Fabian strukturiert Mengen bis 100.

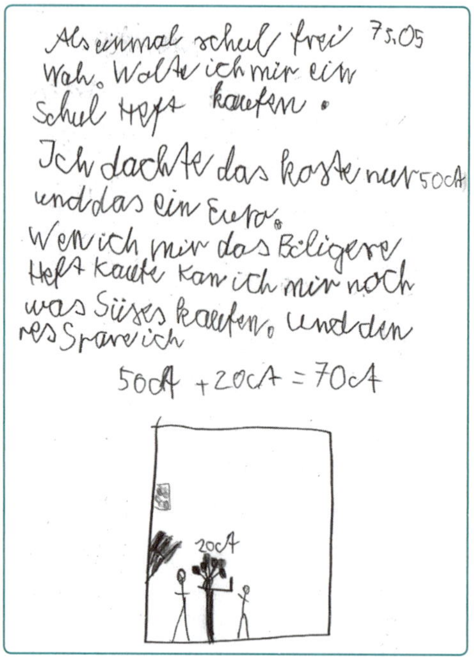

Abb. 36: Fabians Rechengeschichte

2. Schuljahr: Fabian entwickelt seine Darstellungsfähigkeit der Lösungen weiter

Wie viel sind eigentlich 100?

Zu Beginn eines Schuljahres oder eines neuen Themengebietes ist es sinnvoll, auf die Lernvoraussetzungen der Schülerinnen und Schüler einzugehen. Dabei bietet sich eine Aufgabe im Lerntagebuch mit einer offenen Fragestellung besonders gut an. Fabian war durch sein verankertes Wissen aus dem 1. Schuljahr in der Lage, die Menge 100 übersichtlich in Zehnern als Plättchenbild und als Zahlnotation darzustellen. Dabei wies er in schriftlicher Form auf seinen „Trick“ – nämlich „die Kraft der Fünf“ – hin, die er als Grundlage zur Bündelung der einzelnen Zehner genommen hatte. Aus dieser Eintragung wird ersichtlich, dass Fabian sein Wissen zur Strukturierung einer Menge bereits auf den Zahlenraum bis 100 anwenden konnte und eine klare Vorstellung zu dieser Menge besaß. Zusätzlich knüpfte er an sein Wissen aus der Lebenswelt an, indem er zwei 50-€-Scheine aufzeichnete.

Eigene Rechengeschichten erfinden

Das Erfinden von Rechengeschichten fällt den Kindern nicht schwer, wenn sie zum einen an das Schreiben im Mathematikunterricht gewöhnt sind und man ihnen zum anderen durch eine offene Aufgabenstellung die Möglichkeit gibt, bei ihrer Darstellung auf Alltagserfahrungen zurückzugreifen. Fabian hat das Einkaufen von Dingen für die Schule als Anlass für seine Rechengeschichte genommen. Dabei entscheidet er sich geschickt für einen preiswerten Artikel, kann noch Süßes kaufen und noch einen kleinen Teil sparen. Im unteren Teil der Seite hat er eine Zeichnung zu seiner Rechengeschichte angefertigt. Er konnte die Preise recht realistisch einschätzen und auf seine bereits gemachten Alltagserfahrungen mit dieser Größe zurückgreifen, dabei ist der gewählte Zahlenraum überschaubar.

Komplexe Losungswege zu ergiebigen Aufgaben darstellen

② Eine lustige Mal-Rechengeschichte

Was muss Schneewittchen einkaufen? Schreibe und male deine Lösungen auf.

Erzähle die Geschichte weiter oder denke dir selbst noch eine lustige Mal-Rechengeschichte aus.

Abb. 37: Schneewittchen-Aufgabe (aus: Die Matheprofis 2, S. 49)

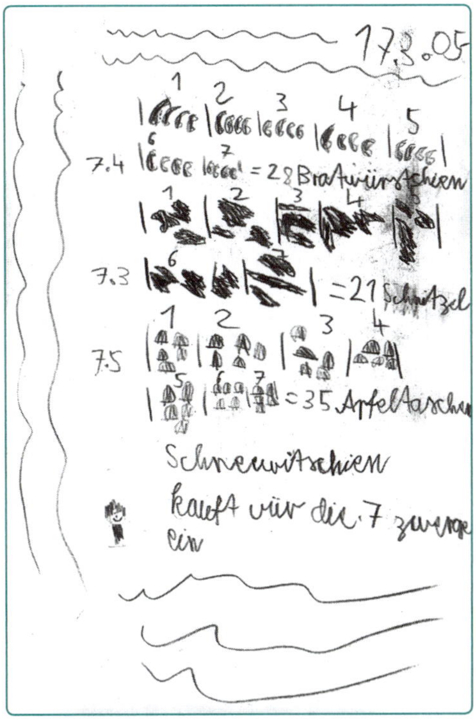

Abb. 38: Fabians Lösung zur „Schneewittchen-Aufgabe“

Diese „Schneewittchen-Aufgabe“ geht Fabian sehr pragmatisch an: Er zeichnet für jeden Zwerg erst Bratwürstchen, dann Schnitzel und im Anschluss für jeden Apfeltaschen auf und notiert dazu die passende Aufgabe mit der Lösung. Er arbeitet systematisch und hat seine Darstellungsfähigkeit bei der Bewältigung komplexer Aufgaben weiter ausgebaut.

3. Schuljahr: Fabians Interesse und Neugier an mathematischen Phänomenen

Quadratzahlen ermitteln

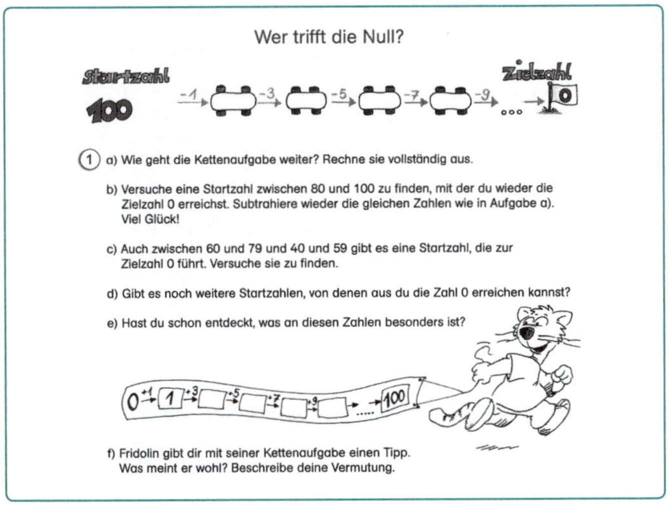

Wer trifft die Null?

① a) Wie geht die Kettenaufgabe weiter? Rechne sie vollständig aus.

b) Versuche eine Startzahl zwischen 80 und 100 zu finden, mit der du wieder die Zielzahl 0 erreichst. Subtrahiere wieder die gleichen Zahlen wie in Aufgabe a). Viel Glück!

c) Auch zwischen 60 und 79 und 40 und 59 gibt es eine Startzahl, die zur Zielzahl 0 führt. Versuche sie zu finden.

d) Gibt es noch weitere Startzahlen, von denen aus du die Zahl 0 erreichen kannst?

e) Hast du schon entdeckt, was an diesen Zahlen besonders ist?

f) Fridolin gibt dir mit seiner Kettenaufgabe einen Tipp. Was meint er wohl? Beschreibe deine Vermutung.

Abb. 39: Wer trifft die Null? (aus: Die Matheprofis 3, S. 10)

Wenn von einer Quadratzahl sukzessiv ungerade Zahlen in der Reihenfolge – 1, – 3, – 5 usw. subtrahiert werden, heißt das Ergebnis Null. Umgekehrt kann man auch auf diese Weise Quadratzahlen finden, nämlich alle Ergebnisse dieser Rechenkette, angefangen bei Null bis unendlich. Fabian hat diese Strategie, angeregt durch diese (offene) Aufgabenstellung entdeckt und in seinem Lerntagebuch erklärt (s. Abb. 40, S. 65). Daraufhin war er so fasziniert von seiner Entdeckung, dass er weitere 72 Quadratzahlen nach dieser Methode errechnet hat. Dabei unterläuft ihm zu Beginn ein Rechenfehler, mit dem er anfangs aber konsequent weiterrechnet. Wie in Kapitel 5.3 ausführlich beschrieben, sind solche Fehler von Denkfehlern deutlich abzugrenzen. Fabians mathematische Idee ist sehr wertvoll und der Flüchtigkeitsfehler hinsichtlich der Einschätzung seiner gewonnenen Einsichten und erlernten Kompetenz des Problemlösens und kreativen Handelns innerhalb eines mathematischen Kontextes eher unbedeutend.
„Gerade bei Flüchtigkeitsfehlern kann man den Kindern durch geeignete Hinweise Anregungen geben, sich selbst zu korrigieren. Erfahrungsgemäß brauchen Kinder vor allem bei Flüchtigkeitsfehlern nur kleine Anstöße, eine minimale Intervention oder das Gefühl, dass man ihren Arbeitsprozess im Auge hat, um sich selbst zu verbessern." (vgl. Schütte 2008, S. 162)
Da es aber für die Lehrerin aus Zeitgründen im Unterricht nicht immer möglich ist, diese „Fehler" während eines Arbeitsprozesses an einer ergiebigen Aufgabe festzustellen, sollte das Augenmerk verstärkt auf die Entwicklung des Forscherdranges gegenüber mathematischen Phänomenen gelegt werden. Fabian hat so viel Freude und Begeisterung an der Fortsetzung dieser Aufgabe entwickelt, dass er die Mathematik als ein das Lernen motivierendes Moment empfindet.

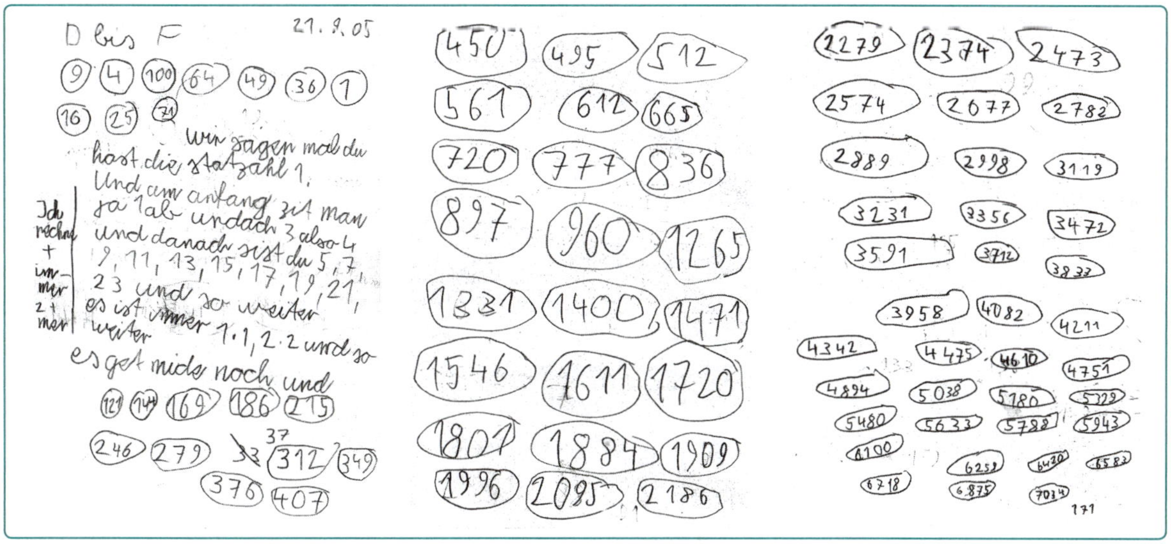

Abb. 40: Fabian ermittelt Quadratzahlen.

Gewusst wie – Rechenwege erklären

Fabian erklärt in diesem Aufgabenbeispiel, wie man mit gemischten Zahlen im Zahlenraum bis 1000 rechnet, erläutert verständlich den Rechenweg und zeigt dabei eine mathematische Flexibilität auf, indem er mehrere Möglichkeiten des Rechenweges angibt.

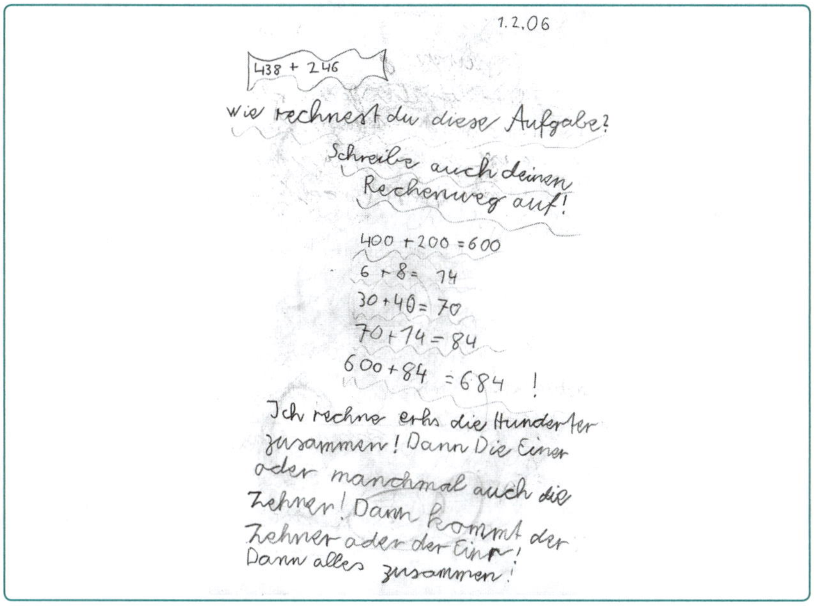

Abb. 41: Fabian erklärt seinen Rechenweg.

Damit ist er sich darüber bewusst, wie er diese Art von Aufgaben rechnen kann; die schriftliche Darstellung nimmt für ihn einen selbstverständlichen Charakter an.

Faszination großer Zahlen

In diesem Beispiel lautet die Anweisung: „Wie rechnest du 34 mal 7?“ Nachdem Fabian seinen Rechenweg übersichtlich aufgeschrieben hat, darf er sich weitere Aufgaben ausdenken und erläutern, wie diese gerechnet werden. Dabei ist er so von großen Zahlen mit vielen Nullen fasziniert, dass er darüber die Dokumentation seines Rechenweges vernachlässigt. Er besitzt bereits ein großes Wissen über Operationen mit großen Zahlen, jedoch waren dabei auch Anregungen meinerseits notwendig, um ihm eine nötige Orientierung zu geben und seinen Kompetenzbereich zu erweitern.

Die Dimensionen dieser großen Zahlenräume dokumentiert Fabian in Abb. 42, seine Neugier und Begeisterung sind dabei unverkennbar.

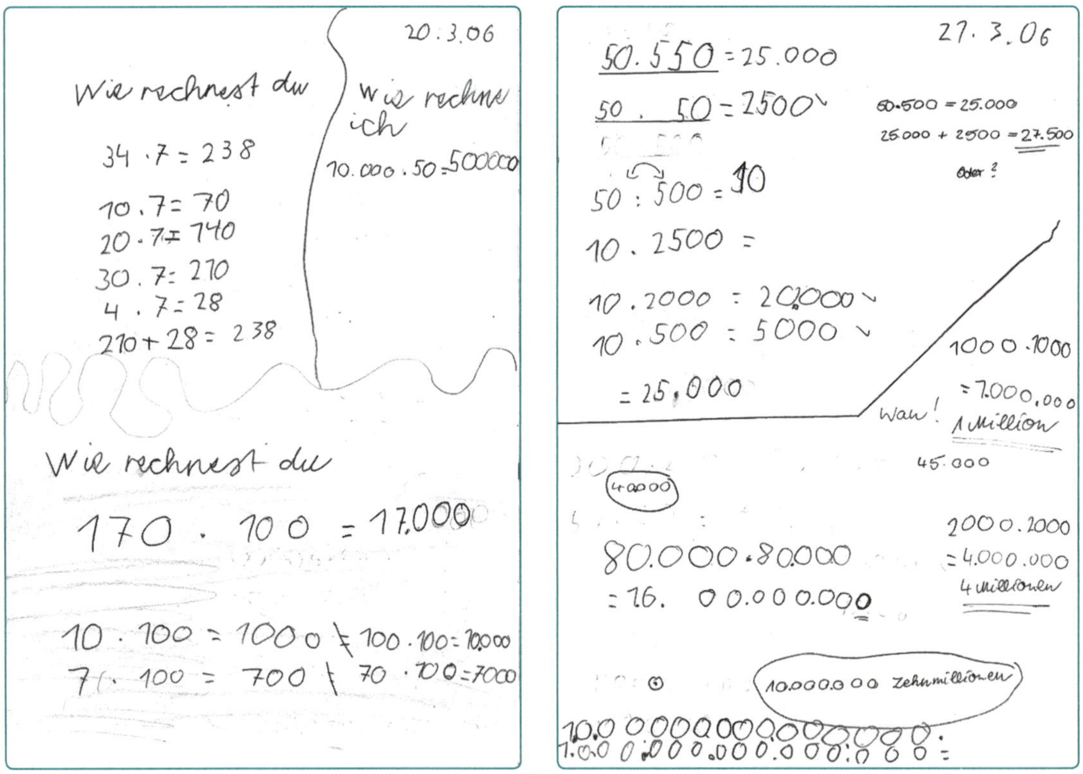

Abb. 42 (links und rechts): Fabian rechnet mit großen Zahlen.

4. Schuljahr: Fabian baut seine kreativen Fähigkeiten weiter aus

Weiterentwicklung der Darstellungsfähigkeit bei der Lösung ergiebiger Aufgaben

Abb. 43: Irina will Millionärin werden (aus: Die Matheprofis 4, S. 36)

Im Rahmen dieser komplexen Aufgabenstellung erhalten die Kinder auch verschiedene Zugänge zum Verdoppeln. Fabian ist im 4. Schuljahr bereits in der Lage, solch eine Aufgabe zu verstehen und adäquate Vorgehens- sowie Darstellungsweisen zu entwickeln. Seinen Lösungsweg hat er übersichtlich dargestellt und seine Nebenrechnungen hinzugefügt. Am Ende hat er noch ein kleines Bild gemalt. Im Rahmen dieser Aufgaben können die Schülerinnen und Schüler Motivation, Ausdauer und Konzentration im Prozess des mathematischen Arbeitens schulen.

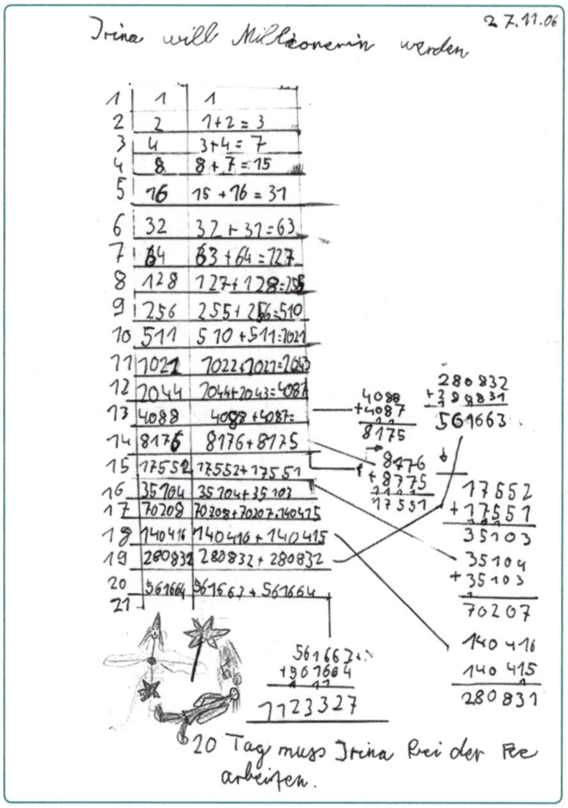

Abb. 44: Fabians Lösung zur „Millionärsaufgabe".

Knobelaufgaben

Auf einer Koppel ärgern sich die Pferde über die Fliegen.
Es sind 32 Köpfe und 178 Beine.
Wie viele Pferde und Fliegen sind es?

Kannst du das Rätsel lösen? Wie hat Irina
die Zahlen für ihr Rätsel wohl gefunden?

Abb. 45: Irina denkt sich ein Rätsel aus. (aus: Die Matheprofis 4, S. 67)

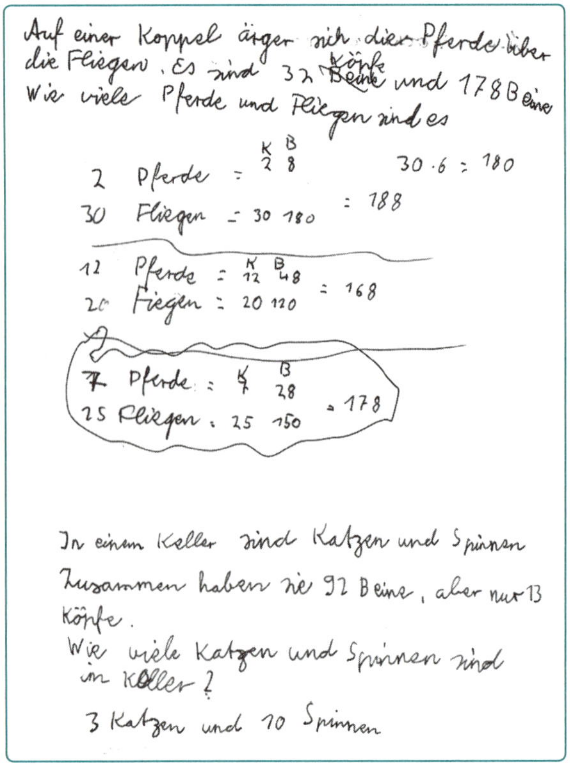

Auf einer Koppel ärger sich die Pferde über die Fliegen. Es sind 32 ~~Beine~~ Köpfe und 178 Beine
Wie viele Pferde und Fliegen sind es

	K	B	
2 Pferde =	2	8	30 · 6 = 180
30 Fliegen =	30	180	= 188
12 Pferde =	12	48	
20 Fiegen =	20	120	= 168
7 Pferde =	7	28	
25 Fliegen =	25	150	= 178

In einem Keller sind Katzen und Spinnen
Zusammen haben sie 92 Beine, aber nur 13 Köpfe.
Wie viele Katzen und Spinnen sind im Keller?
3 Katzen und 10 Spinnen

Abb. 46: Fabian löst die Knobelaufgabe.

Fabian probiert bei dieser Knobelaufgabe zunächst eine Möglichkeit aus, geht aber systematisch vor und schreibt seine Überlegungen übersichtlich auf; im Anschluss verändert er die Größen so geschickt, dass er beim „dritten Versuch" zur richtigen Lösung gelangt. Dabei spielt für ihn die Sauberkeit eine untergeordnete Rolle, die Sachlichkeit der Informationen steht für ihn im Vordergrund.

4.1.2 Marlene – Eine „Künstlerin" entdeckt die Mathematik

Marlenes Aufzeichnungen in ihrem Lerntagebuch zeigen ihre hohe ästhetische und darstellerische Begabung und sind interessant anzuschauen. Im Rahmen ihrer Eigenproduktionen gelingt es ihr, eine gleichbleibend schöne Darstellungsfähigkeit mit der Sachlichkeit mathematischer Inhalte zu verknüpfen. Marlenes Leidenschaft ist das Schreiben von Texten und Geschichten, ihre Neigungen zur Sprache und zum Fach Deutsch können jedoch mit einem auf Schriftlichkeit Wert legenden Mathematikunterricht freudvoll vereinbart werden.

1. Schuljahr: Marlenes Anfänge

Marlenes Lieblingszahl 7

Marlene nutzt die Aufgabenstellung „Welche ist deine Lieblingszahl?“ zur lustvollen Gestaltung ihrer Lieblingszahl 7 und füllt damit eine Seite in ihrem Lerntagebuch. Sie empfindet diese Art der Beschäftigung mit Mathematik äußerst motivierend und führt die Aufgabe auch dementsprechend pflichtbewusst aus.

Abb. 47: Marlenes Lieblingszahl

Marlenes erste Tabelle

Im Herbst haben wir gemeinsam Herbstfrüchte gesammelt und diese anschließend in der Klasse im Rahmen einer Gruppenarbeit geordnet und gezählt. Durch die gesteigerte Sammelfreude der Kinder kamen große Mengen zusammen, sodass die Summe der einzelnen Sorten von Früchten im Zahlenraum bis 100 lag. Marlene bereitet die übersichtliche und korrekte Darstellung der Mengen keine Probleme. Dabei stellt sie durch die richtige Verwendung der Ziffernschreibweise einen guten Einblick in den Zahlenraum bis 100 unter Beweis. Zusätzlich gestaltet sie ihre Aufzeichnungen ansprechend durch passende Abbildungen. (vgl. auch Kapitel 3.1.2, S. 26 ff.)

Abb. 48: Marlenes erste Tabelle

Marlenes erste Aufgaben

Bei der Produktion erster, eigener „Matheaufgaben“ unterlaufen Marlene noch Rechenfehler, die Zahlen spiegelt sie teilweise und das Verständnis vom Subtraktionszeichen ist an dieser Stelle noch nicht eindeutig vorhanden. Jeder weiß durch seine pädagogische Erfahrung, dass Kinder bei dieser offenen Aufgabe stets lieber Plusaufgaben notieren. Diese Neigung erwächst aus der Tatsache, dass sie aus ihrem Alltag vor allem Begebenheiten mit additivem Charakter kennen (Einkaufen / Geburtstag feiern) und diese als mathematische Sachzusammenhänge wiedererkennen. Daher ist darauf zu achten, möglicherweise in einer weiteren Aufgabe auch Minusaufgaben notieren zu lassen, nachdem zuvor diese Operation enaktiv „nachgespielt“ oder thematisiert werden konnte. Wie man auch erkennen kann, sind die Zahlen noch sehr groß geschrieben, beim Blättern im Lerntagebuch fällt auf, dass die Zahlenschreibweise im Laufe der Grundschulzeit immer kleiner ausfällt, was auch daher rührt, dass die Kinder später in Kästchen schreiben.

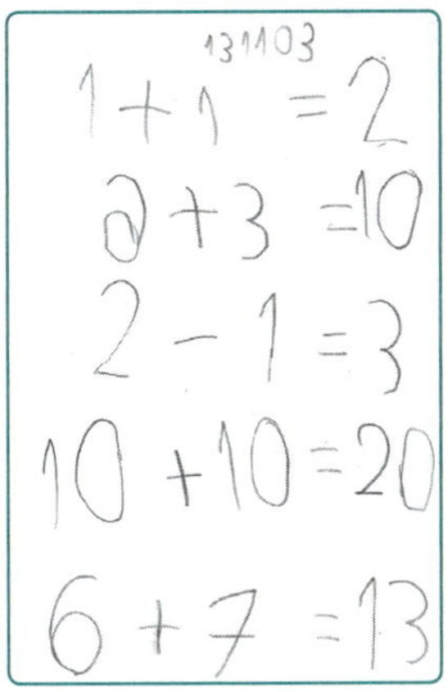

Abb. 49: Marlenes erste Aufgaben

Irinas Idee

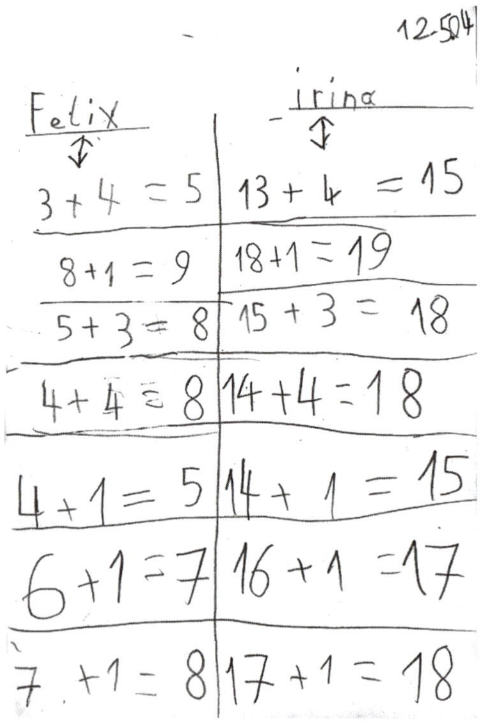

12.5.04

Felix ↕	Irina ↕
3 + 4 = 5	13 + 4 = 15
8 + 1 = 9	18 + 1 = 19
5 + 3 = 8	15 + 3 = 18
4 + 4 = 8	14 + 4 = 18
4 + 1 = 5	14 + 1 = 15
6 + 1 = 7	16 + 1 = 17
7 + 1 = 8	17 + 1 = 18

Abb. 50: Marlene wendet den Rechentrick von „Matheprofi“ Irina (rechts) an.

Abb. 51: Irinas Idee (aus: Die Matheprofis 1, S. 59)

Marlene kann mithilfe des Rechentricks von „Matheprofi“ Irina ihr Operations- bzw. Additionsverständnis auch auf einen größeren Zahlenraum anwenden. In ihrem Lerntagebuch produziert sie Analogieaufgaben, die sie sauber und übersichtlich in einer Tabelle einträgt.

Tricks bei Zahlenmauern

Die Aufgabenstellung dieses Beispiels lautete, Zahlenmauern mit gleichem Zielstein zu finden. Zum Zeitpunkt der Bearbeitung war den Kindern dieses Übungsformat sowie die dazugehörigen Begrifflichkeiten „Grundstein“ und „Zielstein“ bereits gut bekannt, und es wurden zuvor mehrere Entdeckeraufgaben im Lerntagebuch gelöst. In der vorangegangenen Aufgabe konnten die Kinder herausfinden, dass die Zielsteine gleich sein können und sie sollten aufschreiben, was ihnen auffällt. Im Beispiel notiert Marlene ihren Trick, Zahlenmauern mit gleichem Zielstein herzustellen, indem sie die äußeren Steine vertauscht. Diese Strategie und weitere Entdeckungen, auch zu den Basissteinen, hat sie verständlich aufgeschrieben.

Abb. 52: Marlene wendet einen Trick bei den Zahlenmauern an.

Verschiedene Strategien beim Rechnen nutzen

Marlene dokumentiert zu mehreren Additionsaufgaben im Zahlenraum bis 20 ihre „Rechentricks“. So beschreibt sie zum einen den traditionellen Zehnerübergang durch Zerlegung der zweiten Zahl, zum anderen verwendet sie Nachbaraufgaben bzw. Aufgaben mit der Zehn und „Spiegelaufgaben“ als Strategie bei der Lösungsfindung. Bereits Ende des 1. Schuljahres zeigt sich, dass sie über ein mathematisches „Handwerkszeug“ verfügt und mit Aufgaben flexibel umgehen kann.

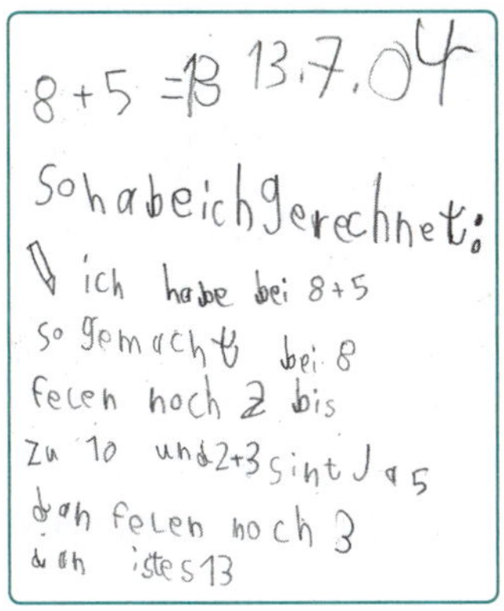

Abb. 53: Marlene nutzt Strategien beim Zehnerübergang.

2. Schuljahr: Das Schreiben zu mathematischen Sachverhalten wird zur Routine

Entdeckungen auf der Hundertertafel

Die Kinder erhielten eine Blanko-Hundertertafel zum Einkleben in ihr Lerntagebuch mit der Aufgabenstellung „Was fällt euch auf?“. Dazu war es ihnen freigestellt, ihre Entdeckungen auch farblich zu kennzeichnen. Marlene ist aufgefallen, dass die meisten Zahlen aus Zehnern und Einern bestehen. Dabei beschreibt sie die Systematik, wie die Zahlen sich verändern, wenn man auf der Tafel „nach unten“ geht (s. Abb. 54, S. 72 oben).

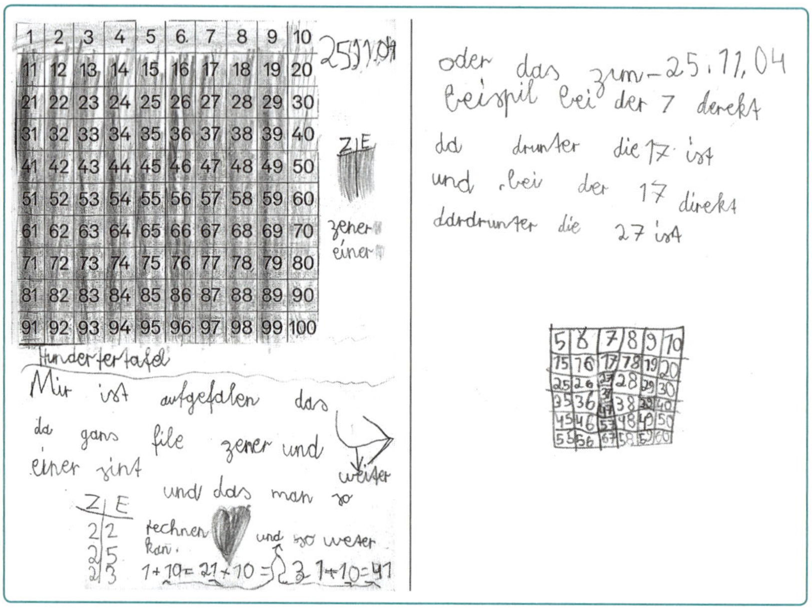

Abb. 54: Marlenes Entdeckungen auf der Hundertertafel

Abb. 55: So löst Marlene die Schneewittchen-Aufgabe.

Komplexe Lösungswege zu ergiebigen Aufgaben

Dieses Beispiel habe ich bereits bei Fabians Lernspuren erläutert. Marlene hat die „Schneewittchen-Aufgabe" jedoch ein wenig anders gelöst, was mir interessant erscheint und das durch offene Aufgaben mögliche Lösungsspektrum anzeigt. Passend zur Geschichte bettet Marlene den mathematischen Sachverhalt in eine schöne Zeichnung von Schneewittchen und den Zwergen ein. Zur Lösungsfindung malt sie jeden Zwerg noch einmal (nur mit Kopf) auf und verteilt an jeden nacheinander jeweils vier Würstchen, drei Schnitzel und fünf Apfeltaschen. Fabian hat demgegenüber zuerst alle Würstchen usw. aufgezeichnet und mit Trennstrichen versehen. Marlene kommt durch diese Methode ebenfalls zur richtigen Lösung und schreibt die Aufgaben sowie die Ergebnisse dazu auf.

3. Schuljahr: Marlene entwickelt ihre Darstellungsfähigkeit weiter

Das Pascal'sche Dreieck

Beim vorliegenden Aufgabenbeispiel bestand der Auftrag für die Schülerinnen und Schüler darin, das zuvor kennengelernte Pascal'sche Dreieck in das Lerntagebuch zu zeichnen sowie aufzuschreiben, was mathematisch daran auffällt. Marlene ist diese Aufgabe aufgrund ihrer Zeichenfertigkeiten gut gelungen; durch die aufwändige Gestaltung ist die Beschreibung zu ihren mathematischen Entdeckungen kurz ausgefallen.

Abb. 56: Marlenes Entdeckungen zum Pascal'schen Dreieck

Marlenes Schulweg

Im Umgang mit Sachsituationen, speziell auch für das Schätzen von Entfernungen und Zeitspannen, kann der Schulweg der Kinder als Lerninhalt dienen. Darüber hinaus schult das Zeichnen die Vorstellungskraft, die Orientierung und die visuelle Wahrnehmung. Marlene hat ihren Schulweg (sie wird mit dem Auto gebracht) übersichtlich aufgezeichnet, die mathematischen Angaben zur Entfernung und Dauer der Fahrt erscheinen diskussionswürdig.

Abb. 57: Marlene beschreibt ihren Schulweg.

4. Schuljahr: Marlene nutzt ihre Darstellungskompetenz zur Verdeutlichung mathematischer Entdeckungen

Entdeckungen zu „schönen" Aufgaben

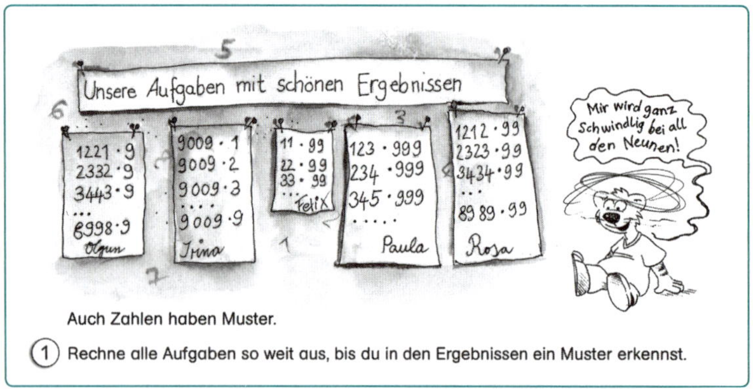

Abb. 58: Schöne Aufgaben – schöne Ergebnisse (aus: Die Matheprofis 4, S. 43)

Angeregt durch diese Aufgaben zum großen Einmaleins bearbeitet Marlene sehr übersichtlich und systematisch zu jedem „Matheprofi" die jeweiligen Aufgaben, die alle bestimmte Auffälligkeiten aufweisen.

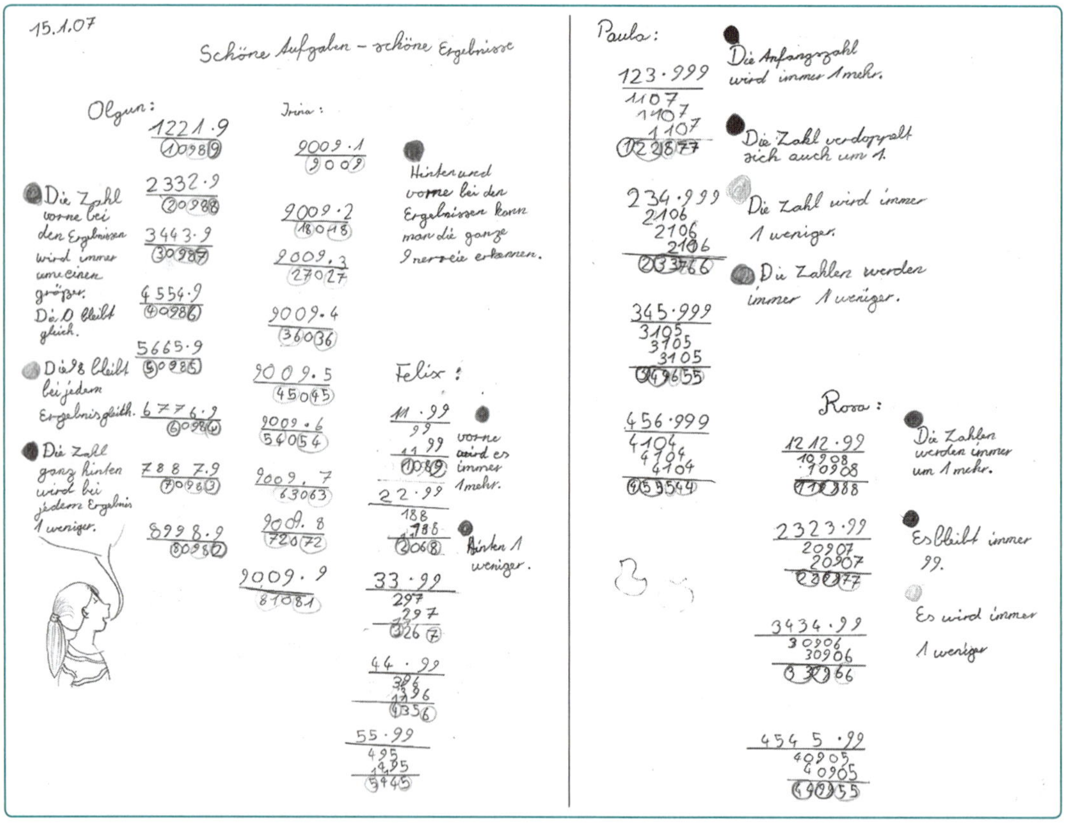

Abb. 59: Marlenes Entdeckungen zu „schönen" Aufgaben

Ihre Entdeckungen kennzeichnet sie farblich und gibt dazu am Rand der Seite eine passende Erläuterung. Die Zahlen, mit denen multipliziert wird, sind dabei besondere, wie z.B. sich wiederholende Ziffern oder gleichbleibende Faktoren etc., sodass es bei den Ergebnissen ebenso viel zu entdecken gibt. Dieses Beispiel unterstreicht zum einen Marlenes positive Arbeitshaltung und Freude an mathematischen Fragestellungen. Zum anderen hat sich ihr Zahlenblick für Entdeckungen durch den gewissermaßen routinierten Umgang mit solchen Aufgaben weiterentwickelt.

4.1.3 Viktoria – Wie die Freude an der Mathematik geweckt werden kann

Viktoria entwickelte zum einen ihre mathematischen Kompetenzen, zum anderen auch ihre Begeisterung an offenen Fragestellungen im Rahmen der Arbeit mit dem Lerntagebuch kontinuierlich weiter. Im vierten Schuljahr war sie in Mathematik eines der leistungsstärksten Kinder der Klasse. Ihr reflektierendes, begründendes Lernverhalten konnte sie stetig steigern und durchschaute mathematische Inhalte rasch. Wie sowohl die mathematische Kreativität als auch die Argumentationsfähigkeit von Schülern durch Eigenproduktionen geschult werden kann, soll im Folgenden durch die Aufgabenbeispiele aus Viktorias Lerntagebuch verdeutlicht werden.

1. Schuljahr: Viktorias Anfänge

Viktoria kennt sich schon in der Welt der Zahlen aus

Analog zur Dokumentation von Fabians und Marlenes Lernweg habe ich auch Viktorias erste Eintragungen zur mathematischen Fragestellung „Welche Zahlen und Aufgaben kennst du schon?“ aufgenommen. Dabei fällt auf, dass Viktoria bereits viele Aufgaben und Zahlen kennt, Spiegelungen bei ihrer Ziffernschreibweise kommen ebenfalls vor.

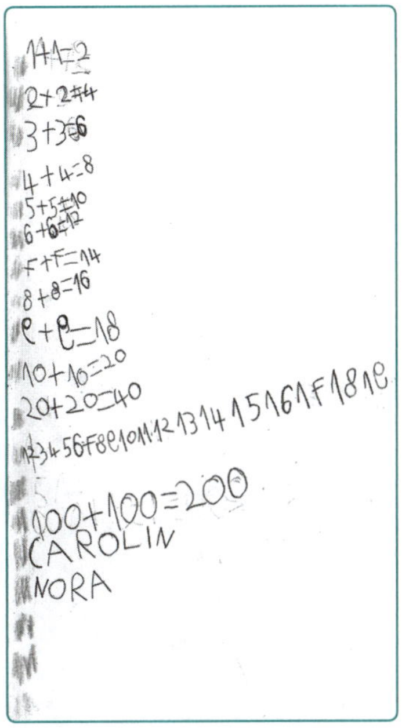

Abb. 60: Diese Zahlen und Aufgaben kennt Viktoria bereits zu Beginn des 1. Schuljahres.

Abb. 61: Viktorias Zahlzerlegungen zur Zahl 10

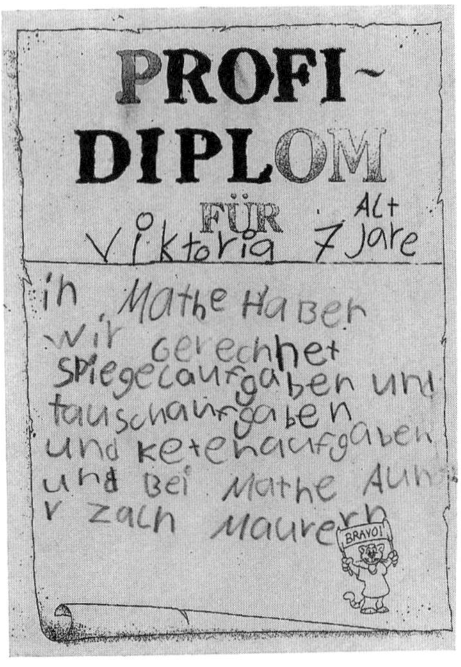

Abb. 62: Viktorias Profi-Diplom

Muster und Zahlzerlegungen

Im Rahmen dieser Aufgabe waren schöne Muster bzw. möglichst viele Zahlzerlegungen zur Zahl Zehn zu finden. Dabei hat Viktoria viele additive und subtraktive Varianten gefunden und zeigt viel Freude und Flexibilität bei der „Produktion“ verschiedener Zerlegungsmöglichkeiten.

Profi-Diplom – Was Viktoria im ersten Schuljahr gelernt hat

Das Lerntagebuch wird sowohl für Notizen zu verschiedenen Aufgaben als auch zur Lerndokumentation („Was habe ich gelernt?“) genutzt. Ihr Lernprozess rückt für sie damit in eine stärkere Bewusstheit, sodass eine reflektierende Haltung gegenüber den Lernspuren entwickelt werden kann. Für Viktoria sind vor allem arithmetische Inhalte wie das beziehungsreiche Rechnen mit „Spiegelaufgaben, Tauschaufgaben, Kettenaufgaben und Zahlenmauern“ als Lerngegenstand verankert. Mit dieser reflektierenden Haltung gegenüber dem eigenen Lernweg erfährt das Kind auch eine Wertschätzung seiner eigenen Anstrengungen und kann Bestandteile des Lernens zur Bewältigung von mathematikhaltigen Problemen und Alltagssituationen nutzen.

2. Schuljahr: Viktoria entwickelt ihre Argumentationsfähigkeit weiter

Entdeckungen auf der Hundertertafel

Interessant ist, die Dokumente von Marlene und Viktoria zur Aufgabe „Was fällt dir bei der Hundertertafel auf?“ zu vergleichen und zu zeigen, wie unterschiedlich die Vorgehensweisen und Ideen der Kinder sind. Marlene konzentriert sich sehr auf die Betonung der sich verändernden Zehner und Einer, Viktoria geht hauptsächlich spaltenweise vor und markiert sie farblich, um im unteren Bereich eine Erklärung zu notieren. Dabei geht sie schwerpunktmäßig auf die sich verändernden Einer ein, z.B. „Da ist immer eine Eins hinter“. Wichtig ist, dass erst einmal diese kindgemäße Formulierung zugelassen wird. In einem anschließenden Gespräch sind mathematisch korrekte Begrifflichkeiten den Äußerungen, die dem kindlichen Sprachgebrauch entspringen, zu ergänzen.

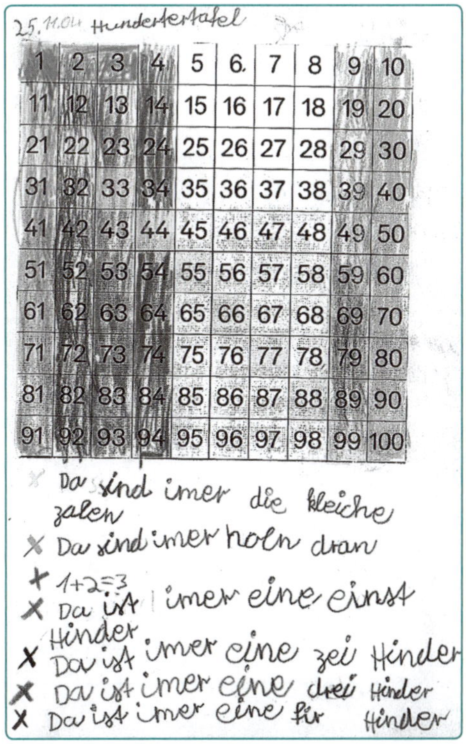

Abb. 63: Viktorias Entdeckungen zur Hundertertafel

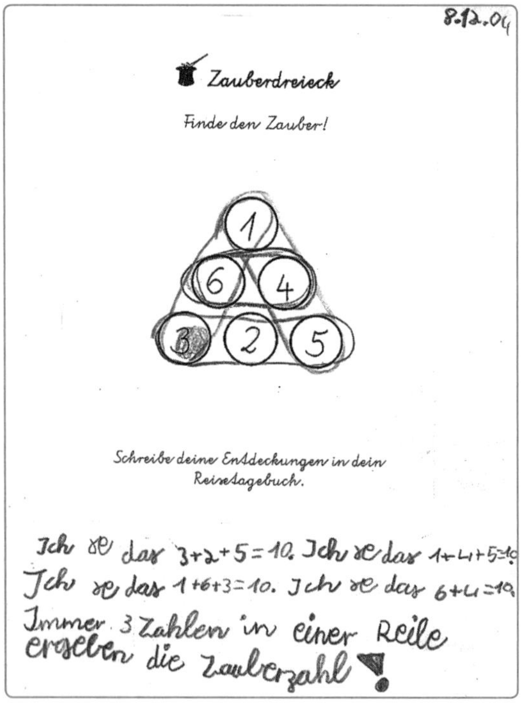

Abb. 64: Viktorias Entdeckungen zum Zauberdreieck

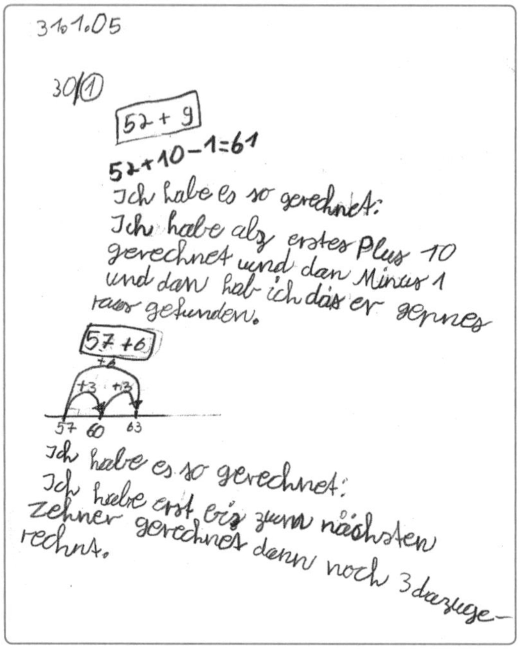

Abb. 65: Viktoria erklärt ihren Rechenweg.

Entdeckungen am Zauberdreieck

Zu einem vorgegebenen Zauberdreieck haben die Kinder ihre Entdeckungen aufgeschrieben und selbstständig die dazugehörige Regel notiert. Viktoria kann bereits ihre Entdeckungen verständlich wiedergeben und hat bemerkt, dass immer drei Zahlen in einer Reihe die „Zauberzahl", in diesem Beispiel die Zahl Zehn, ergeben. Das hat sie auch farblich in der Abbildung gekennzeichnet. Wenn wir den Kindern immer wieder Anlässe offerieren, sich auch schriftlich zu ihren mathematischen Aktivitäten äußern zu können, erhält das Schreiben im Mathematikunterricht eine zentrale Bedeutung.

Rechenwege erklären

Viktoria beschreibt in diesem Beispiel zur Aufgabe „52 + 9" den Trick mit der Zehn, indem sie zu 52 zehn addiert und dann minus eins rechnet. Bei „57 + 6" wählt sie den klassischen Zehnerübergang. Wichtig ist, dass Kinder zum Rechnen mehrere Wege einschlagen dürfen, mit denen sie zum richtigen Ergebnis gelangen können. Ziel des heutigen Mathematikunterrichts ist es, den Kindern Gelegenheit zu geben, sich selbst diese verschiedenen Wege zu erarbeiten, über Vor- und Nachteile zu diskutieren und diese flexibel sowie geschickt einsetzen zu können.

Komplexe Lösungswege zu ergiebigen Aufgaben

Diese „Schneewittchen-Aufgabe“ habe ich bei allen drei Kindern ausgewählt, da sie jeweils unterschiedliche Ansätze bzw. Ausführungen enthält. Wie Marlene zeichnet auch Viktoria für jeden Zwerg die vorgesehene Menge an Schnitzeln, Apfeltaschen und Würstchen auf. Viktoria erklärt jedoch die Zeichen noch und schreibt auch jeweils einen Antwortsatz auf. Sie konnte ebenfalls mit dieser Art der Darstellung zu den richtigen Lösungen kommen.

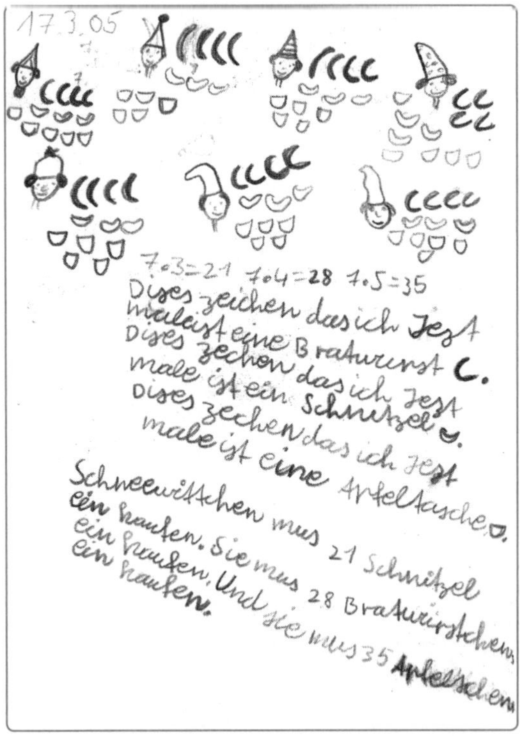

Abb. 66: Viktorias Lösung zur „Schneewittchen-Aufgabe“

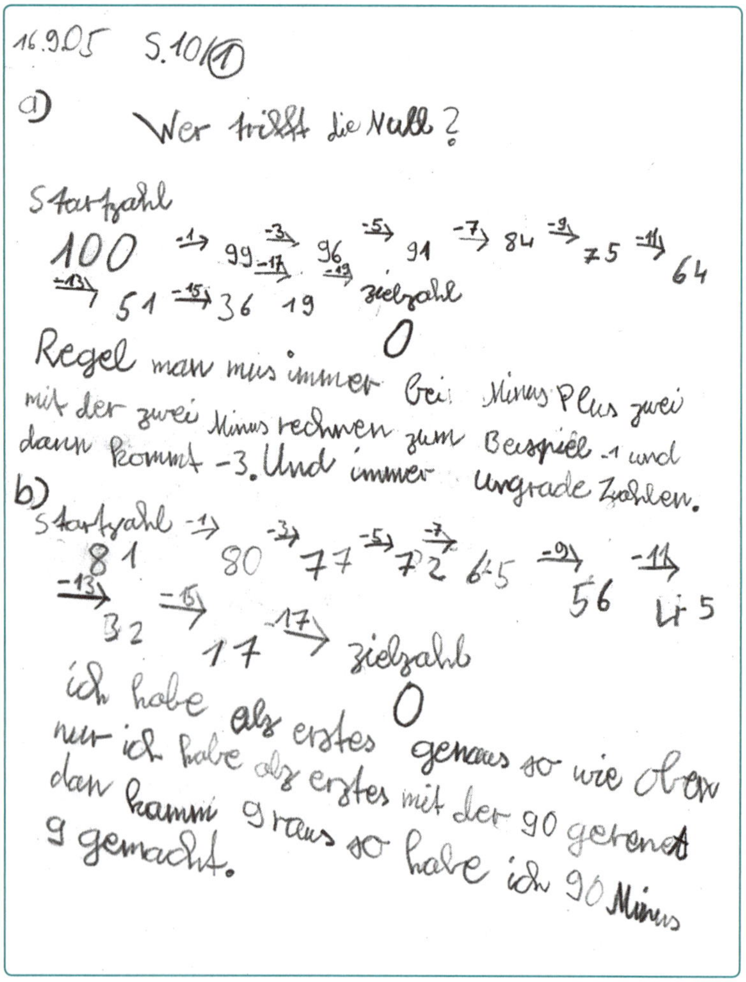

Abb. 67: Viktoria ermittelt Quadratzahlen.

3. Schuljahr: Viktoria baut ihre argumentativen Fähigkeiten weiter aus

Quadratzahlen ermitteln

Auch diese Aufgabe ist bereits im Zusammenhang mit Fabians Lernspuren vorgestellt worden (vgl. S. 63). Viktorias pragmatisches Vorgehen kommt erneut zum Vorschein, da sie die Regel der Methode, durch Subtraktion zur Null zu gelangen, erklärt. Im Anschluss erläutert sie noch, wie sie weitere Lösungen, nämlich auch durch Ausprobieren und Modellieren des Ergebnisses, ermittelt hat.

Fenster im Tausenderbuch

Im Rahmen dieser Aufgabe können verschiedene Entdeckungen zum Tausenderbuch gemacht werden. Dabei überprüfen die Kinder was passiert, wenn zwei nebeneinanderliegende Zahlen addiert werden und mit benachbarten Feldern ebenso verfahren wird (s. Abb. 69, S. 82).

1	2	3	4	5	6	7	8	9	10
11	12	13	14	15	16	17	18	19	20
21	22					27	28	29	30
31	32		34	35		37	38	39	40
41	42					47	48	49	50
51	52	53	54	55	56	57	58	59	60
61	62	63	64	65	66	67	68	69	70
71	72	73	74	75	76	77	78	79	80
81	82	83	84	85	86	87	88	89	90
91	92	93	94	95	96	97	98	99	100

101	102	103	104	105	106	107	108	109	110
111	112	113	114	115	116	117	118	119	120
121	122					127	128	129	130
131	132		134	135		137	138	139	140
141	142					147	148	149	150
151	152	153	154	155	156	157	158	159	160
161	162	163	164	165	166	167	168	169	170
171	172	173	174	175	176	177	178	179	180
181	182	183	184	185	186	187	188	189	190
191	192	193	194	195	196	197	198	199	200

1. Suche Zahlenpaare mit dem Fenster und bilde Aufgaben, z. B. 34 + 35. Wie heißen die passenden Aufgaben im zweiten Hunderter?
2. Was passiert mit den Ergebnissen, wenn du das Fenster immer um ein Feld nach rechts oder unten verschiebst? Schreibe deine Aufgaben und deine Entdeckungen auf.
3. Versuche, mit deinem Fenster die passenden Zahlen zu folgenden Ergebnissen zu finden: 49, 69, 45, 65, 55, 95, 103, 163, 91, 111.
4. Du kannst das Fenster auch so herum drehen und Aufgaben bilden, z. B.: 36 + 46.
   a) Schreibe mindestens 10 Aufgaben in dein Heft.
   b) Bilde auch Aufgaben im 2., 3., 4. und 5. Hunderter.

Abb. 68: Fenster im Tausenderbuch (aus: Die Matheprofis 3, S. 27)

Zuerst fertigt Viktoria eine Tabelle an und schreibt viele Beispielaufgaben auf. Mit dieser Methode gelingt es ihr, die Entdeckungen zu den Ergebnissen als Regel zu formulieren. Die Einer verändern sich jeweils um +2, wenn man die Zahlenpaare nach rechts verschiebt. Beim Verschieben nach unten passiert das Gleiche mit den Zehnern. Mit dieser Aufgabe lernen die Kinder den Zahlenraum bis 1000 kennen, führen Operationen beziehungsreich und entdeckend aus und schulen das Argumentieren (als prozessbezogene Kompetenz).

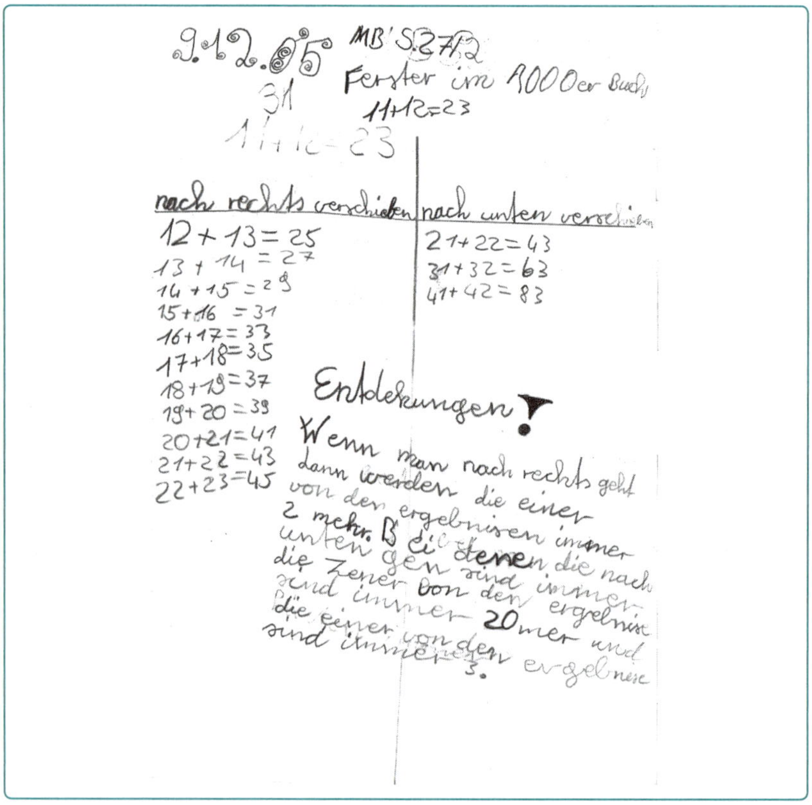

Abb. 69: Viktorias Entdeckungen zum „Fenster im Tausenderbuch"

Große Zahlen teilen

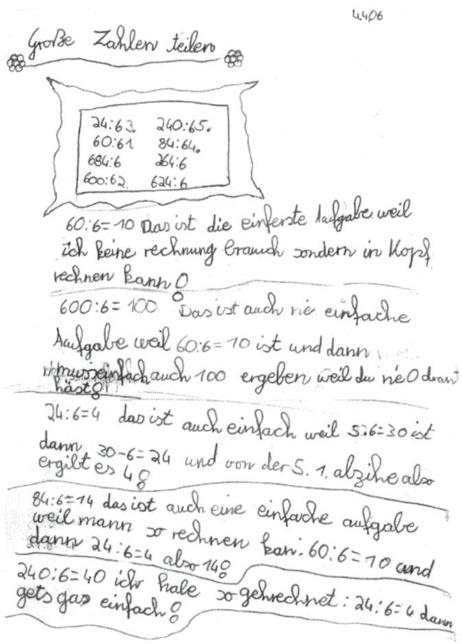

Abb. 70: Viktoria sortiert die Aufgaben nach Schwierigkeitsgrad – und löst sie.

Abb. 71: Große Zahlen teilen (aus: Die Matheprofis 3, S. 62)

Den Kindern werden verschiedene, in Beziehung stehende Divisionsaufgaben präsentiert, die nach ihrer Schwierigkeit beurteilt werden sollen. Dabei ist von den Schülerinnen und Schülern zu begründen, warum sie Aufgaben als „leicht" oder „schwer" empfinden. Viktoria hat eine „Rechensensibilität" entwickelt, sodass sie Aufgaben beurteilen, sich des „passenden Handwerkszeugs" durch Vereinfachung oder Herleiten bedienen und problemlos zur Lösung gelangen kann. Damit können Kinder ein außergewöhnliches Selbstvertrauen in die eigenen Kompetenzen erlangen und neue Aufgabenzusammenhänge als motivierende Herausforderung empfinden.

4. Schuljahr: Viktorias Forscherdrang

Entdeckungen zu „schönen" Aufgaben

Dieses Beispiel „Schöne Aufgaben – schöne Ergebnisse" (s. S. 74) habe ich bereits bei der Präsentation von Marlenes Lernspuren ausgewählt. Viktorias Entdeckungen zu den Aufgaben haben einen präzisen, mathematischen Charakter, denn sie beschreibt nicht nur die Veränderungen der Ergebnisse bezüglich einzelner Stellen, sondern gibt jeweils den richtigen Zahlenwert an, um den sich die Zahlen verändern.

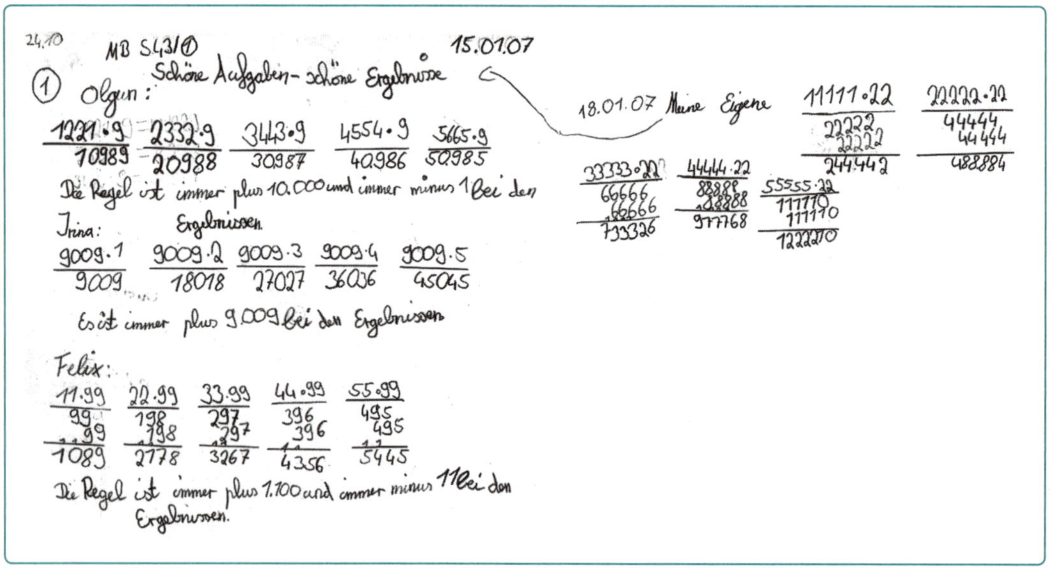

Abb. 72: Viktorias Entdeckungen zu „schönen Aufgaben" (Ausschnitt)

Knobelaufgabe „Pferde und Fliegen"

Viktoria geht mit mathematischem Sachverstand an diese Knobelaufgabe (vgl. Abb. 45, S. 68) heran, zu der im Mathematikunterricht viele Varianten in unterschiedlichen Themenkontexten existieren. Dabei notiert sie acht Versuche, durch geschicktes Ausprobieren zu richtigen Lösungen zu gelangen; die Anzahl der Tiere bleibt dabei immer 32, jedoch muss die Anzahl der „Beine" berücksichtigt werden, die durch die Verteilung der Pferde und Fliegen variiert. Mithilfe dieser Darstellung können ihre Überlegungen zur Aufgabe nachvollzogen und auch anderen Kindern als Lösungsvariante beispielhaft präsentiert werden.

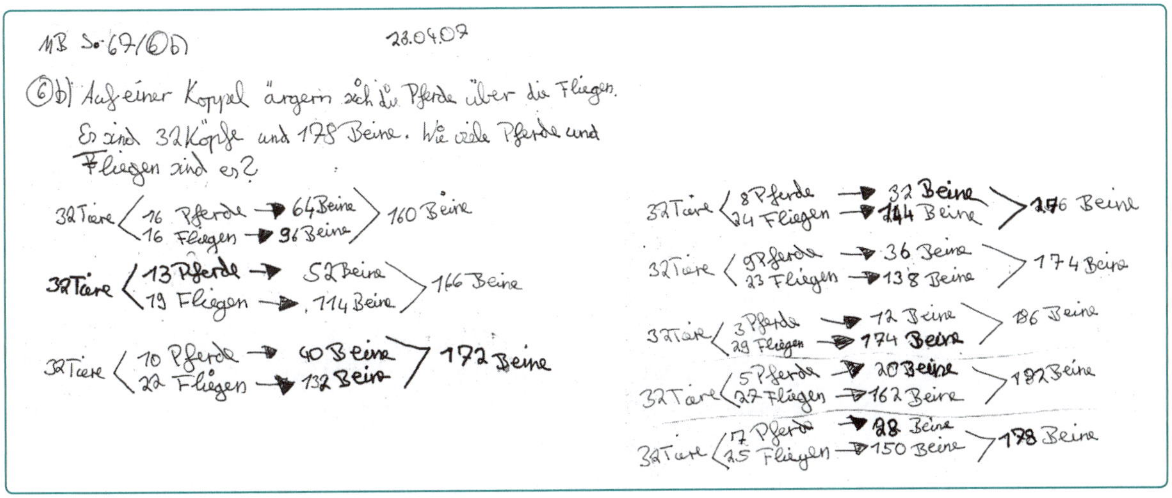

Abb. 73: Viktorias Lösung zur Knobelaufgabe

4.2 Was die Kinder über ihre Lernspuren denken

Nach ihrer Grundschulzeit befragte ich die Kinder nach ihrer Meinung zur Arbeit mit dem Lerntagebuch. Da wir es nicht nur im Mathematikunterricht verwendeten, haben sie sich in ihren Ausführungen auf ihren gesamten Lernweg bezogen. Was sie über ihre Lernspuren denken, habe ich im Folgenden ausschnittsweise zusammengefasst. Nach Ruf/Gallin verwendeten wir den Begriff „Reisetagebuch".

Carolin

- „Das Arbeiten mit dem Reisetagebuch macht sehr viel Spaß, da man später all seine Erlebnisse beisammen hat."

Ann-Christin

- „Über vier Jahre Grundschule kann ich viele Erlebnisse hier nachlesen.
- Ich kann die Entwicklung meiner Handschrift genau verfolgen. (Erste Buchstaben, Druckschrift, Groß- und Kleinschreibung, Vereinfachte Ausgangsschrift, meine Handschrift)
- Feiern in der Klasse, gemeinsame Erlebnisse, z.B. Klassenfahrt, Stress, Streit
- Ich habe viele Rechenwege aufgeschrieben. Manchmal habe ich auch Bilder gemalt."

Marlene

- „Ich konnte sehen, was ich in den Jahren dazugelernt habe (kann ich immer noch).
- Ich habe Erlebnisse festgehalten, die ich mir immer wieder anschaue.
- Ich habe vieles gelernt, z.B. wie man einen Rechenweg beschreibt."

Fabian

- „Die Arbeit mit dem Reisetagebuch hat mir gebracht, dass ich jetzt schöner schreiben kann und mehr Ideen für eine Geschichte habe.
- Es hat mir aber auch richtig Spaß gemacht, mit dem Reisetagebuch zu arbeiten und in Mathe zu forschen.
- Durch das Reisetagebuch habe ich auch viele Erinnerungen an meine frühere Zeit.
- Das Reisetagebuch hat mir viel gebracht und ich wünsche mir, dass Sie das Reisetagebuch bei allen anderen 1. Klassen auch einführen."

Viktoria

- „...dann gehen die Ereignisse nicht verloren. Ich kann dann auch gucken, was wir früher gemacht haben.
- Für mich ist das wie ein Schatz, der mir immer verrät, was wir gemacht haben und wie ich auch immer größere Fortschritte gemacht habe.
- Mir hat es nicht immer gefallen, übers Wochenende einzutragen, aber ich bin trotzdem froh, dass ich es gemacht habe."

5 Eigenproduktionen beurteilen – Kompetenzen einschätzen

Das Lerntagebuch erhält auch in der Diagnose dessen, was Schülerinnen und Schüler zu leisten vermögen, als Dokumentationsmedium eine wichtige Bedeutung.

In den aktuellen Lehrplänen für das Fach Mathematik und der zeitgemäßen Didaktik für die Primarstufe erhalten prozessorientierte Leistungsparameter in einer zunehmend individualisierenden Unterrichtskultur ein immer größeres Gewicht. Leider stehen oftmals in der Realität noch Ergebnisse punktueller, schriftlicher Überprüfungen im Zentrum einer Leistungsbeurteilung. Um die Kompetenzen der Kinder jedoch differenziert und angemessen einschätzen zu können, müssen andere, die spezielle Lernentwicklung jedes einzelnen Kindes berücksichtigende Beobachtungs- und Beurteilungsinstrumente herangezogen werden.

„Für eine umfassende Leistungsbewertung, die Ergebnisse und Prozesse gleichermaßen mit einbezieht, sind neben Leistungsüberprüfungen, z.B. durch schriftliche Übungen oder Klassenarbeiten, geeignete Instrumente und Verfahrensweisen der Beobachtung erforderlich, die die individuelle Entwicklung der Kompetenzen über einen längeren Zeitraum erfassen und kontinuierlich dokumentieren. Dazu können Lerndokumentationen der Kinder wie Fachhefte, Lerntagebücher und Portfolios herangezogen werden.“ (vgl. Ministerium für Schule und Weiterbildung des Landes Nordrhein-Westfalen 2008, S. 19 – 20)

Lerntagebücher offenbaren prozessorientierte Kompetenzen

Durch die Konzeption der Arbeit mit Lerntagebüchern wird ein die Leistungsbereitschaft und Lernfreude bestärkender und ermutigender Blick auf das einzelne Kind geworfen. Diesem Anspruch können die fünf Leitideen zur Leistungsbewertung gerecht werden (vgl. Sundermann / Selter 2003):

- transparent herausfordern,
- kompetenzorientiert wahrnehmen,
- differenziert feststellen,
- angemessen beurteilen,
- lernfördernd rückmelden.

Transparent herausfordern

Ein wesentliches Ziel des Mathematikunterrichts der Grundschule liegt darin, die Schülerinnen und Schüler auf eine mathematische Aufgabe neugierig zu machen, die im Idealfall dem kindlichen Interessenshorizont bzw. Alltag entnommen wird, denn dann gelingt es, die Kinder im wahrsten Sinne des Wortes „herauszufordern". Mit dem Begriff „Aufgaben" sind hier folglich nicht etwa isolierte Rechenaufgaben gemeint, sondern komplexe, problemorientierte Anforderungen zu verstehen.

BEISPIEL: Bei der bereits mehrfach erwähnten „Schneewittchen-Aufgabe" wird auf den Erfahrungshorizont der Kinder im Zusammenhang mit Märchen zurückgegriffen. Der Kontext ist ansprechend und fordert sie dazu heraus, ihre mathematischen Fertigkeiten sowie ihr logisches Alltagsverständnis anzuwenden und Schneewittchen zu helfen. Dabei ist die Lösung nicht sofort ersichtlich und muss innerhalb eines komplexeren Problemlöseprozesses erarbeitet werden.

(2) Eine lustige Mal-Rechengeschichte

Was muss Schneewittchen einkaufen? Schreibe und male deine Lösungen auf.

Erzähle die Geschichte weiter oder denke dir selbst noch eine lustige Mal-Rechengeschichte aus.

Abb. 74: „Schneewittchen-Aufgabe" (aus: Die Matheprofis 2, S. 49)

Bevor die Kinder an die Arbeit gehen können, sollte ihnen stets klar sein, welche Anforderungen die Aufgabe jeweils an sie stellt. Dabei wird nicht nur auf das Ergebnis, sondern auch auf den Lösungsprozess und dessen Darstellung Wert gelegt.

Kompetenzorientiert wahrnehmen

Bei der Beobachtung und Wahrnehmung der kindlichen Kompetenzen richten wir uns in der Grundschule nach der individuellen Bezugsnorm als zentrales Element einer unterstützenden Leistungserziehung (vgl. Spiegel / Selter 2003). Das bedeutet, dass zuerst einmal die individuellen Leistungen des Kindes im Sinne von „Was kannst du schon?" im Vordergrund stehen. Erst in einem zweiten Schritt rücken die in den Richtlinien und Lehrplänen festgeschriebenen Kompetenzerwartungen in den Blickpunkt der Leistungswahrnehmung. Das Leistungsvermögen der Kinder wird dabei ganzheitlich betrachtet, denn nicht nur in schriftlicher Form geben Schülerdokumentationen darüber Aufschluss, was die Kinder imstande sind zu leisten. Auch in Gesprächen miteinander oder in Phasen der freien Arbeit können wir als Lehrkraft wahrnehmen, was in jedem einzelnen Kind wirklich steckt und wo es weitere Förderung benötigt. Diese Beobachtungen, die auch in schriftlicher Form, eventuell in einem Tagebuch, über das Kind festgehalten werden können, sollen sich nach den neuen Lehrplänen sowohl auf prozessbezogene als auch auf inhaltliche Kompetenzen beziehen.

Differenziert feststellen

Im Rahmen einer differenzierten Leistungsfeststellung sind wir in der Lage, die individuellen Fähigkeiten und Fertigkeiten der Schülerinnen und Schüler zu berücksichtigen. Das bedeutet, dass die Kinder weder zur gleichen Zeit noch mit gleichem Schwierigkeitsgrad oder Umfang Aufgaben bewältigen bzw. Lernziele erfüllen müssen. Eine Möglichkeit der Feststellung besteht in der Berücksichtigung der Eigenproduktionen, die eine natürliche Differenzierung zulassen und Lernfortschritte ablesbar machen.

„Sternblätter"

Beispiel: Neben den Eigenproduktionen im Lerntagebuch ziehe ich weitere Ergebnisse der Kinder, die sogenannten „Sternblätter", zur Leistungsbeurteilung mit hinzu. Die Schülerinnen und Schüler haben im Rahmen der Freiarbeit ein Arbeitsheft, in dem sie in ihrem eigenen Tempo arbeiten. Am Ende eines Themenkomplexes befindet sich ein Sternchen am unteren Seitenrand, das den Kindern anzeigt, dass sie sich ein „Sternblatt" bei mir abholen sollen. Damit kann das Kind selbst überprüfen, was es bei der Bearbeitung des Arbeitsheftes – in Kombination mit unterrichtlichen Themen – bereits gelernt hat (s. Abb. 75, S. 90).

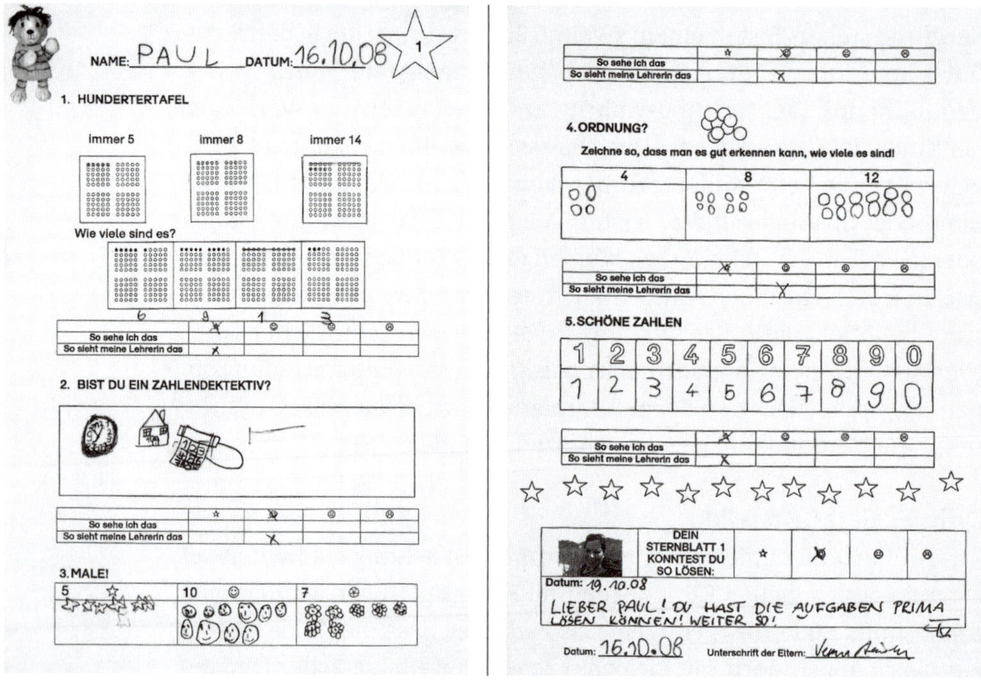

Abb. 75: Paul überprüft mithilfe des Sternblatts seinen Lernstand (1. Schj.).

Angemessen beurteilen

Durch eine differenzierte Beurteilung wird es uns als Lehrkraft ermöglicht, das jeweilige Kind, gemessen an seiner gesamten Lern- und Lebenssituation, einschätzen zu können. Der Lernfortschritt wird an der Entwicklung des einzelnen Kindes, nicht am Leistungsdurchschnitt der Klasse gemessen. „Angemessen" ist eine Beurteilung dann, wenn sie die individuellen Fähigkeiten der einzelnen Kinder berücksichtigt, nicht die Leistungen der Schülerinnen und Schüler einer Klasse in ein „ranking" bringt und konkurrierendes Lernen vermeidet. Auch bei der Arbeit mit dem Lerntagebuch sollte den Kindern von Beginn an vermittelt werden, dass jeder zu eigenen Lösungen kommt und diese nicht im Sinne von „besser" oder „schlechter" vergleichbar sind.

Lernfördernd rückmelden

Zu einer individuellen Leistungsbewertung gehört auch, dass wir Kindern Aufschluss darüber geben, was sie bereits gut können und woran sie noch arbeiten sollten. Gelingen kann uns das vor allem in schriftlich verfassten Kommentaren, nicht in Form einer Notengebung. Müssen jedoch Noten gegeben werden, sollten diese auf jeden Fall durch eine konstruktive (!) Rückmeldung (z.B. eine Förderempfehlung oder einen Förderplan) ergänzt werden. Im folgenden Beispiel wird Theresa rückgemeldet, wie sie in ihrem Einmaleinsheft (Ergänzung zum Lerntagebuch) gearbeitet hat.

BEISPIEL:

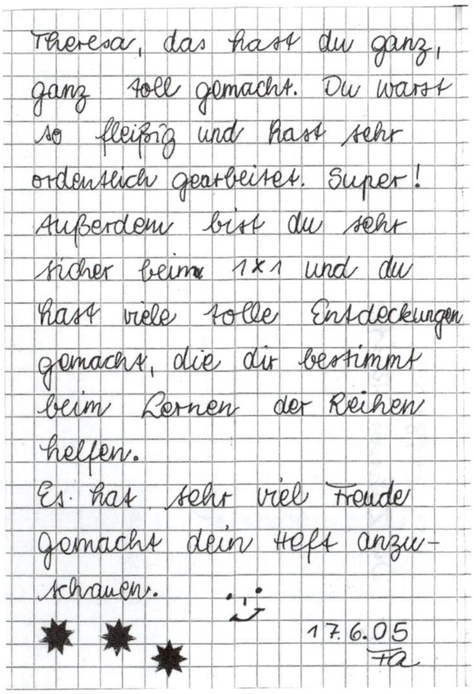

Theresa, das hast du ganz, ganz toll gemacht. Du warst so fleißig und hast sehr ordentlich gearbeitet. Super! Außerdem bist du sehr sicher beim 1×1 und du hast viele tolle Entdeckungen gemacht, die dir bestimmt beim Lernen der Reihen helfen.
Es hat sehr viel Freude gemacht dein Heft anzuschauen.

17.6.05
Fa

Abb. 76: Theresas 1×1 - Heft (2. Schj.)

Durch die Arbeit mit dem Lerntagebuch wird die Realisierung einer Leistungsbewertung, die den angegebenen Leitideen folgt, erleichtert und unterstützt. Im alltäglichen, themenorientierten Unterricht bieten sich durch eine gezielte Vor- und Aufbereitung einer substanziellen Lernumgebung vielfältige und zahlreiche Anlässe zur Leistungsfeststellung, die den unterschiedlichen Voraussetzungen der Schülerinnen und Schüler gerecht werden können. Da die Kinder in meiner Klasse sehr oft im Lerntagebuch arbeiten, entsteht dadurch eine große Sammlung chronologisch angeordneter Lerndokumente. Eine Fülle an Eigenproduktionen bieten somit nicht nur wunderbare Entfaltungsmöglichkeiten für die Kinder, sondern können gleichzeitig den Kriterien einer differenzierten und individualisierenden Leistungsbeurteilung gerecht werden. Das Lerntagebuch kann daher nicht nur als Diagnosemedium im Fach Mathematik, sondern auch in anderen Lernbereichen hilfreich sein. Auch das Arbeitsverhalten mit seinen einzelnen Ausdrucksmöglichkeiten kann ebenso unter die Lupe genommen werden wie die Leistungsfortschritte im sprachlichen Bereich.

5.1 Kriterien zur Beurteilung von Lernkompetenzen im Rahmen der Arbeit mit dem Lerntagebuch

Das Aufstellen von Kriterien zur Einschätzung der Lernkompetenzen der Kinder wirft unterschiedliche Fragen auf und könnte auf den ersten Blick anmaßend und den individuellen Lernweg des Kindes einschränkend erscheinen. In diesem Zusammenhang erhalten folgende Fragen eine Bedeutung:

- Können überhaupt Kriterien im Rahmen einer differenzierten Leistungsbeurteilung aufgestellt werden, ohne der Individualität des Lernens zu widersprechen?
- Sollen allgemeine oder aufgabenspezifische Beurteilungskriterien im Rahmen der Arbeit mit dem Lerntagebuch aufgestellt werden?
- Welche Kompetenzerwartungen an die Schülerinnen und Schüler werden durch den Lehrplan vorgegeben?
- Welche Mittel bieten sich zu einer differenzierten Leistungsbewertung an?
- Welche Beurteilungskriterien können im Rahmen der Arbeit mit dem Lerntagebuch aufgestellt werden? Welche sind sinnvoll und geeignet?

Die Fülle der Angebote unterschiedlicher Raster und Bögen, Verfahren und Medien zur Diagnose verleiten allzu sehr dazu, die Leistungen der Schülerinnen und Schüler rasch einordnen zu wollen, ohne den individuellen Stärken und Potenzialen der Kinder gerecht werden zu können.

Im Rahmen unterschiedlicher Aufgaben variieren auch die geforderten Kompetenzen und Beurteilungskriterien, sodass die Wahl und der Einsatz unspezifischer Kriterien, die allgemein auf alle Aufgaben angewendet werden, gut überlegt werden sollte. Diese Tatsache spricht für eine Konzentration auf wenige, adäquate Beurteilungskriterien.

Neben den individuellen Lernzielen der Kinder, die nur schwierig zu kategorisieren und zu vergleichen sind, haben wir unser Augenmerk auf die Vorgaben und Lehrpläne zu lenken. Diese sind jedoch nicht primär in den Vordergrund zu stellen, sondern als verbindliche Anforderungen kontinuierlich im Blick zu behalten und bezüglich der Unterrichtsarbeit stetig zu reflektieren.

Bevor nun im Weiteren auf die Vorgaben der Lehrpläne eingegangen wird, sollten auch die Kinder zu der Frage „Was zählt im Mathematikunterricht?" oder „Was ist wichtig im Mathematikunterricht?" unbedingt zu Wort kommen können (vgl. Selter / Sundermann 2006). Die Schülerinnen und Schüler werden somit in die Planung, Gestaltung und Reflexion ihres Lernweges miteinbezogen, zu der auch das Thema „Leistung" gehört.

Kinder in die Leistungsbeurteilung miteinbeziehen

Im Rahmen meiner bisherigen Unterrichtserfahrung hat sich gezeigt, dass Kinder in der Regel motiviert und zu Leistungen bereit sind, wenn ihnen klar ist, was von ihnen verlangt wird und wenn man ihnen zudem die Gelegenheit gibt, sich eigene Ziele setzen zu können. Mir erscheint es sinnvoller, gemeinsam mit den Kindern – die Inhalte des Lehrplans berücksichtigend – Arbeitsziele zu bestimmten Themen, die sie ansprechen, zu formulieren und im Lerntagebuch festzuhalten, als einen Leistungsdruck mit Noten aufzubauen.

Transparenz der Leistungsanforderungen

Arbeitsziel festhalten

Zu Beginn eines Themas könnte gemeinsam überlegt werden, was die Kinder neu dazulernen möchten und welche Ziele in Bezug auf einen bestimmten Zeitrahmen realistisch sind.

Im Rahmen einer Geometrie-Einheit zu den Formen könnten beispielsweise folgende Lernziele formuliert werden:

- Ich kann die einzelnen geometrischen Formen richtig benennen und kann sagen, was besonders an ihnen ist.
- Ich kann geometrische Formen auf dem Geobrett spannen und sie zeichnen.
- Ich kann verschiedene Dreiecke etc. finden.
- Ich kann begründen, warum die Dreiecke etc. (un-)gleich sind.
- ...

Selbstbewertung

Wenn Schülerinnen und Schüler in die Leistungsbeurteilung miteinbezogen werden, erfahren sie, dass es reizvoll sein kann, sich anzustrengen und vereinbarte Ziele anzustreben. Neben der schriftlichen Fixierung und der Planung ihres Lernabschnittes kann ihnen in vielfältigen Situationen im Unterricht bzw. in der Schule transparent gemacht werden, wo und wann es sinnvoll ist, über die einzelnen Aspekte der Leistungsbeurteilung nachzudenken. Das kann dadurch erfolgen, dass die Lehrerin den Kindern sagt, wie sie innerhalb eines Themas vorgehen möchte und welche Schwerpunkte sie setzt. Im Anschluss können gemeinsame Lernziele, wie oben im Beispiel, formuliert und schriftlich festgehalten werden. Die Voraussetzung dafür ist, diese Gespräche auf einem kindgerechten Niveau durchzuführen, damit die Kinder das Gesagte nachvollziehen können.

Mögliche Beurteilungskriterien

Für den Mathematikunterricht in der Grundschule werden beispielsweise im Lehrplan für Nordrhein-Westfalen (2008) zwölf fachspezifische Beurteilungskriterien genannt, die auch den Kindern anhand altersgemäßer Beispiele transparent gemacht werden können. Sie gelten für die gesamte Grundschulzeit (1. – 4. Schuljahr) und haben je nach Kompetenzanspruch eine unterschiedliche Gewichtung und zeitliche Berechtigung. Auch im Rahmen der Arbeit mit dem Lerntagebuch können diese Kriterien zur Beurteilung und Einschätzung der Kinderprodukte herangezogen werden.

- Verständnis von mathematischen Begriffen und Operationen

  Ich verstehe, was die einzelnen Rechenarten bedeuten, mit denen ich umgehe, und kann sie erklären / im Lerntagebuch aufschreiben. Wenn ich im Lerntagebuch z.B. meinen Rechenweg beschreibe oder Entdeckungen notiere, kann ich in der Fachsprache schreiben.

Beispiel: Erkläre die folgenden Rechenzeichen: + / – / · / :

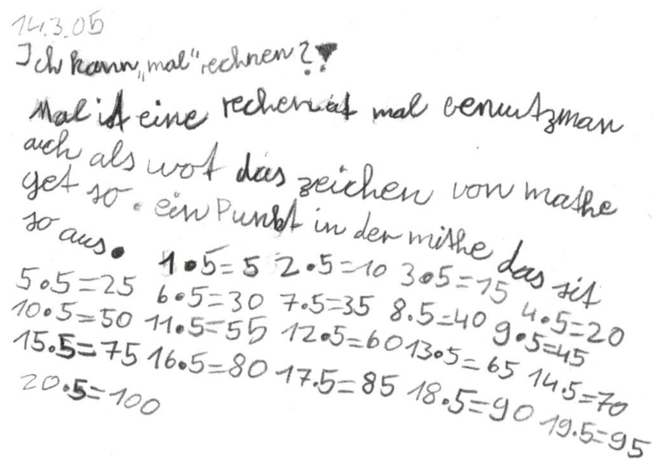

Abb. 77: Viktoria erklärt das „Malrechnen" (2. Schj.).

- Schnelligkeit im Abrufen von Kenntnissen

  Ich kann das, was ich bereits gelernt habe, auch rasch auf andere Aufgaben anwenden.

BEISPIEL: Komplexe / problemhaltige Aufgabe lösen

- Sicherheit im Ausführen von Fertigkeiten

  Ich besitze einen „Einspluseins-“ / „Einmaleins-Pass“ und kann mein Wissen bei Aufgaben im Lerntagebuch prima anwenden.

BEISPIEL: Schreibe eigene Aufgaben.

- Richtigkeit bzw. Angemessenheit von Ergebnissen bzw. Teilergebnissen

  Ich überprüfe meine Ergebnisse und überlege, ob ich richtig gerechnet / die richtige Rechenoperation gewählt habe.

BEISPIEL: Überschlag anwenden, bei Sachaufgaben darauf achten, ob das Ergebnis so stimmen kann.

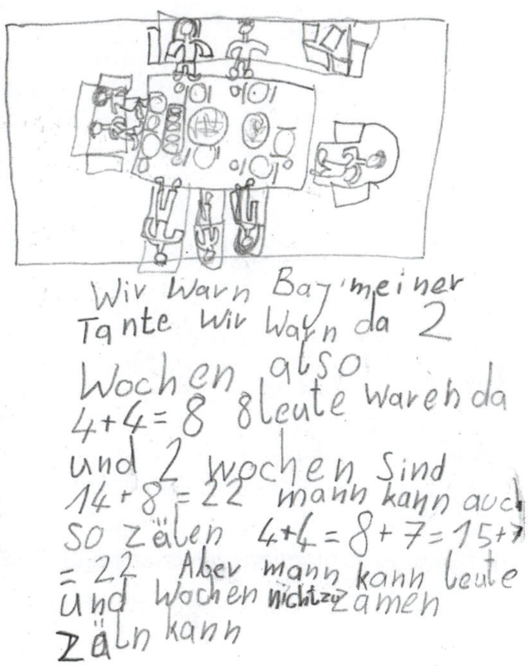

Abb. 78: Veronika entdeckt, dass man Tage und Menschen nicht zusammenzählen kann.

- Flexibilität und Problemangemessenheit des Vorgehens

  Ich denke bei einer Aufgabe über mehrere Lösungswege nach und verliere die Frage nicht aus den Augen.

Beispiel: Komplexe Aufgaben, wie z.B. bei Zahlenrätseln und Knobelaufgaben, im Lerntagebuch lösen

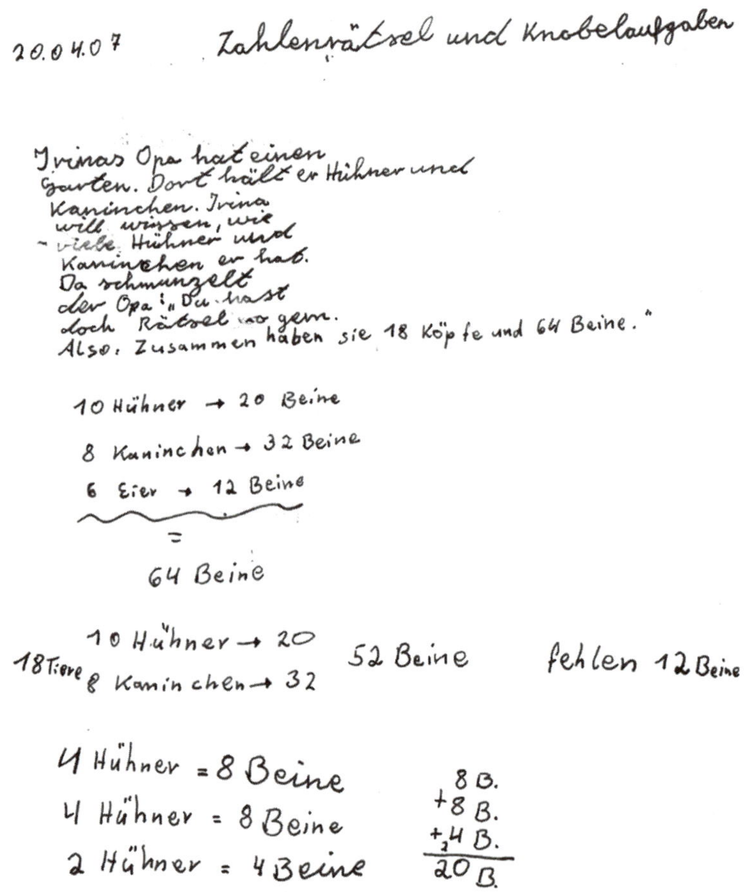

20.04.07 Zahlenrätsel und Knobelaufgaben

Irinas Opa hat einen Garten. Dort hält er Hühner und Kaninchen. Irina will wissen, wie viele Hühner und Kaninchen er hat. Da schmunzelt der Opa: „Du hast doch Rätsel so gern. Also, Zusammen haben sie 18 Köpfe und 64 Beine."

10 Hühner → 20 Beine
8 Kaninchen → 32 Beine
6 Eier → 12 Beine
=
64 Beine

18 Tiere: 10 Hühner → 20, 8 Kaninchen → 32 — 52 Beine — fehlen 12 Beine

4 Hühner = 8 Beine
4 Hühner = 8 Beine
2 Hühner = 4 Beine

8 B. + 8 B. + 4 B. = 20 B.

Abb. 79: Kathrin lässt nicht locker (4. Schj.).

- Fähigkeit zur Nutzung vorhandenen Wissens und Könnens in ungewohnten Situationen

  Ich lasse mich durch neue Aufgaben nicht verunsichern und schreibe meine Ideen erst einmal in mein Lerntagebuch.

BEISPIEL: Abfrage des Vorwissens zum neuen Thema

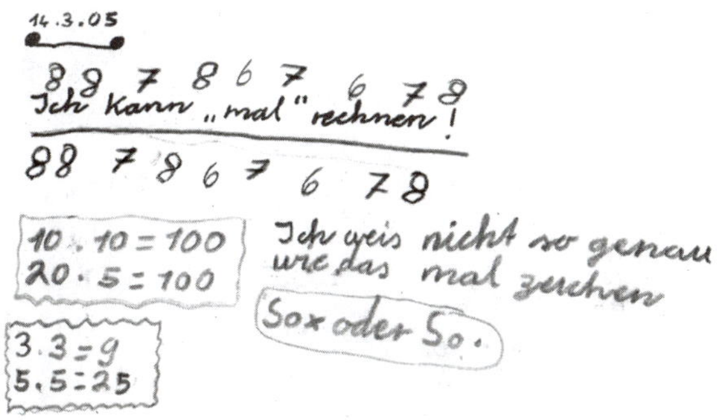

Abb. 80: Nora trägt ihr Vorwissen zusammen (2. Schj.).

- Selbstständigkeit und Originalität der Vorgehensweisen

  Ich versuche, eigene Ideen zu einer Aufgabe zu entwickeln und z.B. Material aus dem Klassenraum für die Lösung zu nutzen.

BEISPIEL: Wie kannst du die Anzahl der Kinder in der Klasse gut darstellen?

Ab. 81: Fabian hat „gruseliges Material" benutzt. Seine Übersetzung der ikonischen in die symbolische Ebene ist korrekt (1. Schj.).

- Fähigkeit zum Anwenden von Mathematik bei lebensweltlichen Aufgabenstellungen

  Ich kann im Lerntagebuch eigene Rechengeschichten zu unseren Themen verfassen.

BEISPIEL: Rechengeschichten zum Thema „Geld / Einkaufen"

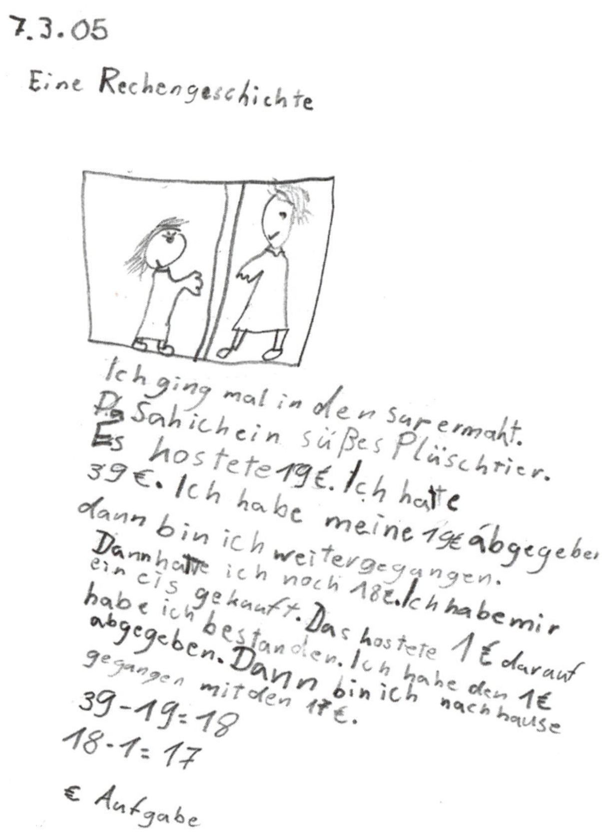

7.3.05

Eine Rechengeschichte

Ich ging mal in den supermakt. Da sah ich ein süßes Plüschtier. Es kostete 19€. Ich hatte 39€. Ich habe meine 19€ abgegeben dann bin ich weitergegangen. Dann hatte ich noch 18€. Ich habe mir ein eis gekauft. Das kostete 1€ darauf habe ich bestanden. Ich habe den 1€ abgegeben. Dann bin ich nach hause gegangen mit den 17€.

39-19=18
18-1=17

€ Aufgabe

Abb. 82: Ann-Christin hat die Merkmale einer Rechengeschichte hier gut umgesetzt und auch die Aufgabe sprachlich gut gelöst. Vor diesem Hintergrund fällt der Rechenfehler nicht so stark ins Gewicht (2. Schj.).

- Schlüssigkeit der Lösungswege und Überlegungen

  Ich kann meine Lösungswege und Gedanken in meinem Lerntagebuch so aufschreiben, dass sie gut verständlich sind.

Beispiel: Wie rechnest du die Aufgabe...?

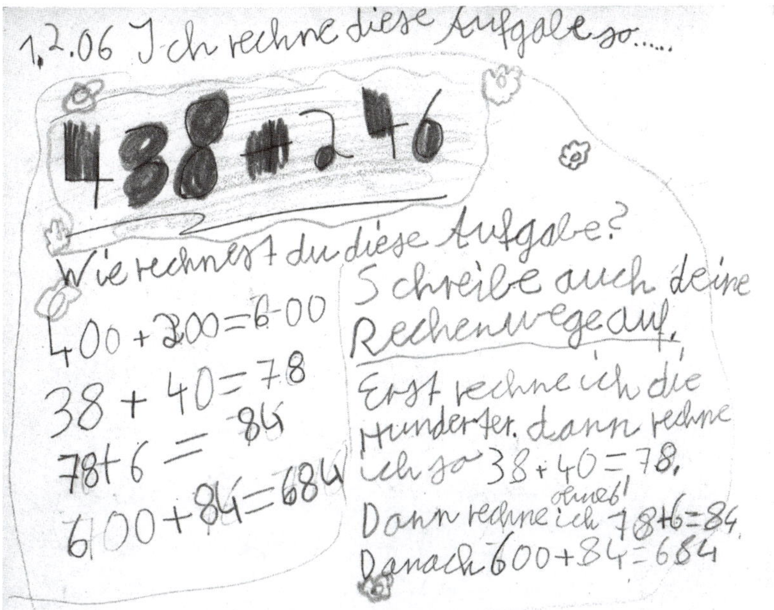

Abb. 83: Carolin kann ihren Rechenweg verständlich beschreiben (3. Schj.).

■ Mündliche und schriftliche Darstellungsfähigkeit

Ich benutze mathematische Begriffe und kann meine Gedanken für andere verständlich darstellen, passende Zeichnungen anfertigen usw.

BEISPIEL: Herbstfrüchte ordnen, darstellen, eine Tabelle anfertigen und die Anzahl bestimmen

Abb. 84: Clara und Caroline haben Herbstfrüchte gezählt und übersichtlich dargestellt (1./2. Schj., jahrgangsübergreifend).

- Ausdauer beim Bearbeiten mathematischer Fragestellungen

  Ich habe Geduld beim Bearbeiten meiner Aufgaben und versuche, nicht so schnell aufzugeben.

BEISPIEL: Knobelaufgaben / komplexe Aufgaben wie die folgende: Pferde und Fliegen ärgern sich auf einer Koppel. Es gibt ... Köpfe und ... Beine. Wie viele Pferde und Fliegen sind es? (vgl. S. 85)

- Fähigkeit zur Kooperation bei der Lösung mathematischer Aufgaben

Ich kann bei Aufgaben im Mathematikunterricht gut mit anderen zusammenarbeiten und zu gemeinsamen Lösungen kommen.

BEISPIEL: Rechenduette, Gruppenarbeit usw.

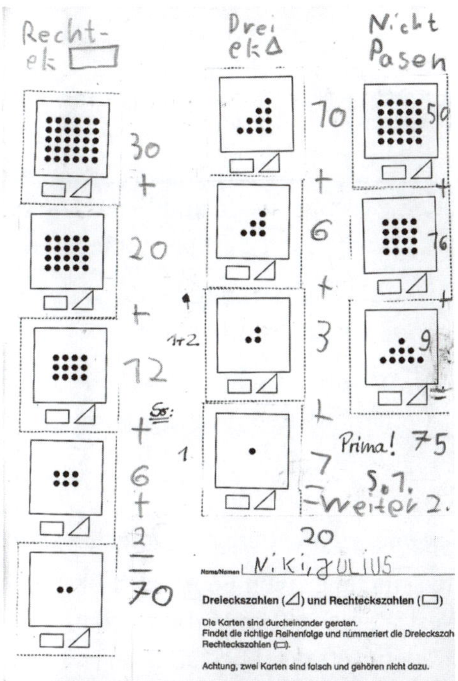

Abb. 85: Niklas und Julius haben gemeinsam Dreiecks- und Rechteckzahlen in eine Reihenfolge gebracht. Wie gut ihre Kooperation gelungen ist, konnte ich während des Unterrichtsprozesses beobachten (1. / 2. Schj., jahrgangsübergreifend).

Für die Arbeit mit dem Lerntagebuch halte ich die nachfolgenden Zielformulierungen bis zum Ende des 4. Schuljahres für sinnvoll. Diese Kompetenzen sind allmählich zu entwickeln.

Mein Lerntagebuch-Fahrplan	
1	Ich verstehe, was die einzelnen Rechenarten bedeuten, mit denen ich umgehe, und kann sie erklären / im Lerntagebuch aufschreiben. Wenn ich im Lerntagebuch z.B. meinen Rechenweg beschreibe oder Entdeckungen notiere, kann ich in der Fachsprache schreiben.
2	Ich denke bei einer Aufgabe über mehrere Lösungswege nach und verliere die Frage nicht aus den Augen.
3	Ich lasse mich durch neue Aufgaben nicht verunsichern und schreibe meine Ideen erst einmal in mein Lerntagebuch.
4	Ich versuche, eigene Ideen zu einer Aufgabe zu entwickeln und z.B. Material aus dem Klassenraum für die Lösung zu nutzen.
5	Ich kann im Lerntagebuch eigene Rechengeschichten zu unseren Themen verfassen.
6	Ich kann meine Lösungswege und Gedanken in meinem Lerntagebuch so aufschreiben, dass sie gut verständlich sind.
7	Ich habe Geduld beim Bearbeiten einer Aufgabe und versuche, nicht so schnell aufzugeben.
8	Ich kann bei Aufgaben im Mathematikunterricht gut mit anderen zusammenarbeiten und zu gemeinsamen Lösungen kommen.

Wie diese Kriterien im Unterricht umgesetzt werden können

Selbstverständlich sind alle zwölf Beurteilungskriterien (vgl. Lehrplan für Nordrhein-Westfalen, 2008) im Mathematikunterricht zu beachten, für die Arbeit mit dem Lerntagebuch sind sie jedoch nicht alle primär von Bedeutung, weshalb ich mich innerhalb des Lerntagebuch-Fahrplans auf acht beschränkt habe. Diese lassen sich m. E. im Rahmen der Lerntagebuch-Arbeit gut umsetzen.

Eine solche oder ähnliche Liste könnte vorn oder hinten als Übersicht bzw. „Fahrplan“ für die gesamte Grundschulzeit (je nach Beschaffenheit des Buches) in das Lerntagebuch eingeklebt oder in der Klasse als

Plakat ausgehängt werden. Gerade zu Beginn ihres Lernweges in der Grundschule erscheint diese Liste komplex und sollte auf wenige Kriterien reduziert werden. Denkbar wäre, einzelne Aspekte nach und nach herauszugreifen und mit den Kindern zu thematisieren; eine Reflexion bzw. eine eigene Einschätzung (vgl. Kap. 5.2, S. 112) könnte sich anschließen. Darüber hinaus sollte den Schülerinnen und Schülern verdeutlicht werden, dass die Liste für die gesamte Grundschulzeit gilt und sie Zeit genug haben, sich diesen einzelnen Zielen anzunähern. Auch Absprachen im Kollegium und ein einheitliches Konzept an der Schule können für dieses Arbeiten hilfreich sein.

Rückschau / Ausblick mit dem Fahrplan: Wenn die Kinder (am Ende des Tages / der Woche / nach einer Lerneinheit) schreibend darüber nachdenken, was sie gelernt haben, können die einzelnen Aspekte des „Fahrplanes" hilfreich sein und die Schüler in ihrer Reflexionsfähigkeit unterstützen. Je nach Thema und Aufgabe sind unterschiedliche Schwerpunkte aus dem „Fahrplan" auszuwählen.

Lerntagebucheintragungen helfen, prozessbezogene Kompetenzen zu beurteilen

Zum Aufbau einer grundlegenden mathematischen Bildung und der Sicherung der Qualität des Unterrichts sind fachbezogene Kompetenzen durch den Lehrplan und die Bildungsstandards (vgl. Walther u.a. 2007) festgelegt, die die Schülerinnen und Schüler in der Grundschule entwickeln sollen. Diese unterteilen sich in prozessbezogene und inhaltsbezogene Kompetenzen. Es werden also im Zusammenhang mit der schulischen Bildung Fähigkeiten und Fertigkeiten angestrebt, die sich sowohl auf den Prozess des Lernens als auch auf die Inhalte der Mathematik beziehen. Die inhaltsbezogenen Kompetenzen werden auf die Jahrgänge 1 und 2 sowie 3 und 4 verbindlich festgeschrieben, die prozessbezogenen Kompetenzen spielen eine übergreifende Rolle und sollen durch eine aktive Auseinandersetzung mit den Inhalten innerhalb der Grundschulzeit kontinuierlich weiterentwickelt werden.

Im Unterricht mit dem Lerntagebuch, in dem eine starke Fokussierung auf die Lernprozesse der Schülerinnen und Schüler stattfindet, können folglich die prozessbezogenen Kompetenzen besonders gut gefördert werden (vgl. Kap. 2.3, S. 21). In den Bildungsstandards unterscheidet man zwischen den folgenden fünf allgemeinen bzw. prozessbezogenen Kompetenzen, die im Rahmen der Unterrichtspraxis jedoch häufig miteinander verbunden sind und nicht streng voneinander getrennt werden können:

- Problemlösen / kreativ sein,
- Kommunizieren,
- Argumentieren,
- Modellieren,
- Darstellen.

Wie in den vorangegangenen Textabschnitten bereits erwähnt, tauchen diese allgemeinen, auf den Lernprozess gerichteten Kompetenzen auch innerhalb der zuvor genannten und praktisch veranschaulichten Beurteilungskriterien – für die Schülerinnen und Schüler in Form eines „Lerntagebuch-Fahrplans" dargestellt – immer wieder auf.

Selbstverständlich werden diese Kompetenzen ebenso in unterschiedlichen inhaltlichen Bezügen durch die Eigenproduktionen der Kinder regelmäßig angesprochen und geschult.

Aus den unterschiedlichen Themen und Inhalten der Mathematik in der Grundschule erwachsen zahlreiche Gelegenheiten, die Kompetenzen der Kinder zu ermitteln und durch substanzielle Lernumgebungen zu fördern. Dabei können die allgemeinen Kompetenzen im Kontext einer bestimmten thematischen Rahmung gut, in anderen Bezügen weniger gut transparent gemacht oder geschult werden. Bei Sachthemen zum Beispiel kann das Modellieren im Vordergrund der Leistungsbeurteilung stehen. Daher sollte immer je nach Thema abgewogen werden, welche Kompetenzen dabei besonders gut untersucht oder gefördert werden können. In der Unterrichtspraxis ist es darüber hinaus häufig der Fall, dass sich die verschiedenen Kompetenzbereiche überschneiden. Wichtig ist dann, eine klare Zielformulierung unterrichtlicher Bemühungen festzulegen. Insgesamt aber sollte dies nicht dazu führen, dass sich die Lehrerin veranlasst sieht, jegliche kindliche Leistung permanent zu kategorisieren oder der Zuordnung bestimmter, vorgegebener Kompetenzen zu unterwerfen.

5.2 Formen der Rückmeldung

Kontinuierliche Beobachtung und Dokumentation von Leistungen

Eine kontinuierliche Beobachtung und Dokumentation von Leistungen kann den individuellen und ganz persönlichen Begabungen der Kinder am ehesten gerecht werden und der Lehrkraft die Basis für eine konstruktive Rückmeldung bieten. Diese Rückmeldungen dienen zum einen der Wertschätzung geleisteter Arbeiten, zum anderen der Motivation und Ermutigung zu weiteren Leistungen unter Angabe von Verbesserungshinweisen und Arbeitstechniken (sofern erforderlich).

Sie geben dem Kind auch darüber Auskunft, was es schon kann und welche Kompetenzen noch weiter zu entwickeln sind.

Rückmeldungen sollten immer positiv formuliert sein, um auf den Lernprozess der Schülerin oder des Schülers einzuwirken. Daher ist es wichtig, die Rückmeldung, ob sie nun mündlich oder schriftlich formuliert wird, konstruktiv auszusprechen. Sie soll als Hinweis verstanden werden, was das Kind schon geschafft oder gut gemacht hat, zum anderen können die Rückmeldungen Tipps zur Weiterarbeit enthalten. In Kapitel 2 wurden bereits Formen der Rückmeldungen angesprochen, die sich jedoch mehr auf die Anschlussaktivitäten der Arbeit im Lerntagebuch beziehen. In diesem Kapitel steht die Rückmeldung hinsichtlich einer Leistungskultur im Mathematikunterricht im Vordergrund. In dieser Form können Rückmeldungen ermunternd und konstruktiv gegeben werden (auch als Klassenplakat):

☺ Das klappt schon prima: ...
☞ Mein Tipp an dich: ...

Individuelle Lernprogression berücksichtigen

Die Lernprodukte sind dabei ebenso zu berücksichtigen wie die kontinuierliche Lernprogression. Schriftliche Aufgabenbearbeitungen und Tests sind als alleiniges Medium einer Leistungsfeststellung zu einseitig. Beobachtet werden sollte die Leistung der Schülerinnen und Schüler auch während mündlicher Aktivitäten, wie z.B. in Gesprächen der Kinder untereinander. Dabei kann eine Rückmeldung sofort erfolgen und das Verhalten ggf. zeitnah reguliert werden. Die Fähigkeiten der Kinder im sozialen Rahmen einer Gruppe oder einer Partnerarbeit sind ebenso zu berücksichtigen.

Der Lernfortschritt jedes einzelnen Kindes lässt sich besonders gut an den Eigenproduktionen im Lerntagebuch ablesen. Daher ist zuerst einmal eine Sensibilität gegenüber den unterschiedlichen Lernwegen der Kinder zu entwickeln und der Blick auf den individuellen Fortschritt zu richten (vgl. Kap. 2.2, S. 19 f.).

Rückmeldungen können in ganz unterschiedlicher Form erfolgen, sie können auch durch die Schülerinnen und Schüler selbst oder durch ein anderes Kind ausgesprochen bzw. angemerkt werden. Häufig bietet es sich an, verschiedene Arten der Rückmeldung miteinander zu koppeln; so kann sich das Kind in einem ersten Schritt zunächst selber einschätzen, erhält dann vom Partner Rückmeldung und bekommt eventuell im Anschluss von der Lehrerin ein Feedback. Daher sind die nun folgenden Formen der Rückmeldung häufig miteinander verbunden.

5.2.1 Kinder geben sich selbst Rückmeldung

Um Kinder in die Leistungsbeurteilung mit einzubeziehen, ist es wichtig, dass sie hinsichtlich ihrer eigenen Produkte sensibel werden. Rückmeldungen können nach einer gelösten Aufgabe erfolgen oder aber einen längeren Zeitraum berücksichtigen und dabei eher übergeordnete Ziele, wie zum Beispiel die prozessbezogenen Kompetenzen, ansprechen.

Aufgabenbezogene Rückmeldung

Bei einer Rückmeldung, die sich auf eine konkrete Aufgabe bezieht, gibt es inhaltlich unterschiedliche Reflexionsmöglichkeiten. Das Kind stellt sich beispielsweise folgende Fragen: „Wie ist mir die Aufgabe gelungen?“ „Bin ich mit meiner Lösung / meinen Lösungen zufrieden?“ „Welche Aufgabe gefällt mir besonders gut / macht mich stolz?“ Im vorstrukturierten Lerntagebuch zu „Die Matheprofis“ für Klasse 1 und 2 (Schütte (Hrsg.) 2008) werden die Kinder gezielt aufgefordert, über ihre Arbeit nachzudenken, wobei sie im unteren Abschnitt der jeweiligen Seite den entsprechenden Raum für ihre Eintragungen vorfinden.

Abb. 86: Philines Lerntagebucheintrag (2. Schj.)

Später können die Kinder noch konkreter Stellung zu ihren Ergebnissen beziehen: „Das habe ich (bei den Aufgaben / Päckchen etc.) entdeckt".

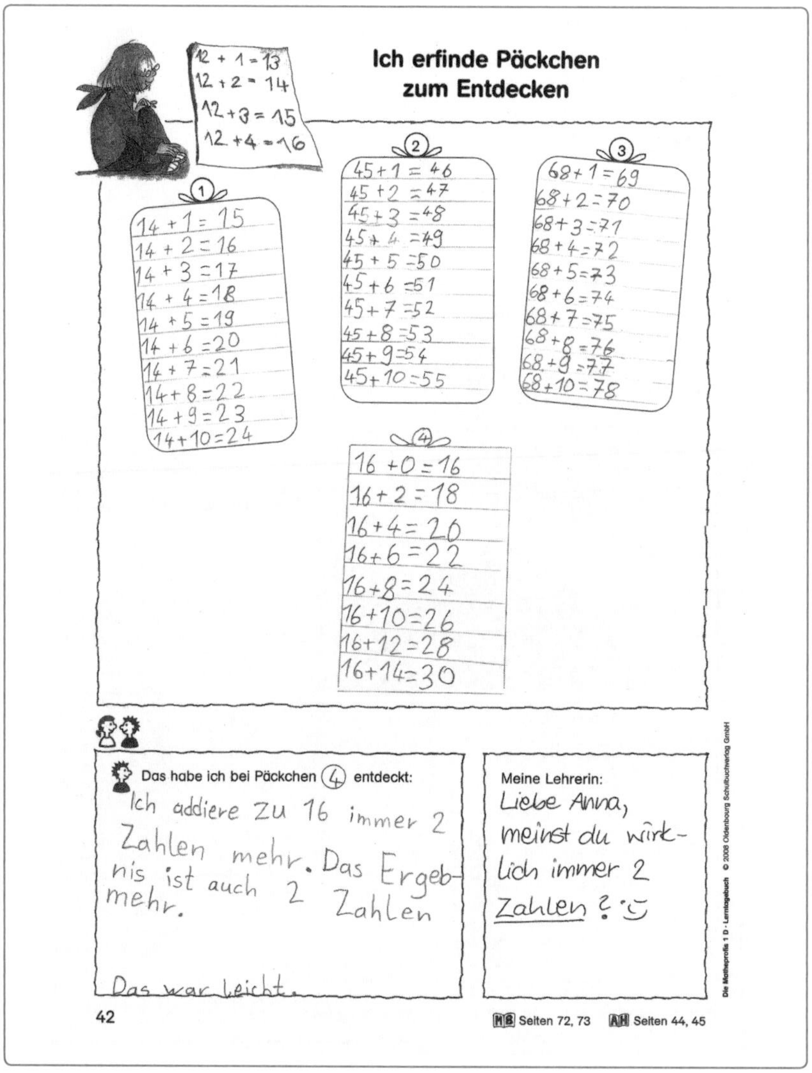

12 + 1 = 13
12 + 2 = 14
12 + 3 = 15
12 + 4 = 16

Ich erfinde Päckchen zum Entdecken

①
14 + 1 = 15
14 + 2 = 16
14 + 3 = 17
14 + 4 = 18
14 + 5 = 19
14 + 6 = 20
14 + 7 = 21
14 + 8 = 22
14 + 9 = 23
14 + 10 = 24

②
45 + 1 = 46
45 + 2 = 47
45 + 3 = 48
45 + 4 = 49
45 + 5 = 50
45 + 6 = 51
45 + 7 = 52
45 + 8 = 53
45 + 9 = 54
45 + 10 = 55

③
68 + 1 = 69
68 + 2 = 70
68 + 3 = 71
68 + 4 = 72
68 + 5 = 73
68 + 6 = 74
68 + 7 = 75
68 + 8 = 76
68 + 9 = 77
68 + 10 = 78

④
16 + 0 = 16
16 + 2 = 18
16 + 4 = 20
16 + 6 = 22
16 + 8 = 24
16 + 10 = 26
16 + 12 = 28
16 + 14 = 30

Das habe ich bei Päckchen ④ entdeckt:
Ich addiere zu 16 immer 2 Zahlen mehr. Das Ergebnis ist auch 2 Zahlen mehr.
Das war leicht.

Meine Lehrerin:
Liebe Anna, meinst du wirklich immer 2 Zahlen? :-)

Die Matheprofis 1 D · Lerntagebuch © 2008 Oldenbourg Schulbuchverlag GmbH

42 HB Seiten 72, 73 AH Seiten 44, 45

Abb. 87: Annas Lerntagebucheintrag (2. Schj.)

Welche Form der Rückmeldung sinnvoll ist, hängt also auch von der Aufgabe bzw. vom Kontext sowie der Entwicklungsstufe der Kinder ab. Die Fähigkeit, sich und seine eigenen Leistungen einschätzen zu können, ist allmählich zu entwickeln und will wie alles andere gelernt sein.

Lernprozessbezogene Rückmeldung

Es gibt unterschiedliche Formen dieser Rückmeldung. Zum einen können die Kinder einen sehr offenen Weg wählen und in einem Text aufschreiben, was sie in einem abgesteckten Zeitraum gelernt haben. Zum anderen kann man ihnen Lernziele vorgeben, an denen sie ihren Leistungsstand spiegeln und überdenken können. Das kann auf der Grundlage geschehen, dass zuvor Lernziele gemeinsam mit den Kindern zu einem Thema oder für ein Schuljahr formuliert wurden. Sinnvoll ist, ihnen beide Möglichkeiten anzubieten. Zumindest sollte ihnen klar sein, was sie bereits geschafft haben und sich noch vornehmen müssen.

Text des Kindes in der Form des „Rückblicks"

In der Form eines „Rückblicks" können Kinder überlegen, was sie in einer Woche alles gelernt haben und was sie sich für die nächste Woche noch vornehmen wollen. Hilfreich ist, zuvor noch einmal ein Gespräch darüber zu führen, was in der Woche thematisch behandelt wurde, damit die Kinder darüber nachdenken können.

Esther fällt zuerst ein, was sie in Mathematik gelernt hat, nämlich die Zweier- und die Viererreihe. Dann schreibt sie auch zu den anderen Lernbereichen sowie zum Fach Sport auf, was sie gelernt hat. Das Beispiel zeigt deutlich, dass die Schülerin bereits in der Lage ist, über ihren Lernweg nachzudenken und ihre Fortschritte differenziert wahrzunehmen.

Abb. 88: Esther hat in dieser Woche viel gelernt (2. Schj.).

Bögen für die Selbsteinschätzung

Eine mehr auf konkrete Lernziele gestützte Reflexionsform stellen „Rückmeldebögen“ dar. Die Kinder erhalten von der Lehrerin eine Auflistung von Kriterien, die für eine Aufgabe, eine Arbeit oder aber allgemein den Mathematikunterricht wichtig sind. Im Anschluss daran soll das Kind sich selbst beurteilen. Vor einem Kinder-/Elternsprechtag bietet es sich zum Beispiel an, einmal innezuhalten und darüber nachzudenken, was das Kind schon gut kann und wo es noch weiteren Förderbedarf hat. Nachdem zu Beginn des Schuljahres oder einer Unterrichtseinheit mit den Kindern gemeinsam überlegt wurde, was in Mathematik bzw. im Rahmen des jeweiligen Themas wichtig ist, reflektieren die Kinder ihre Fähigkeiten und Fertigkeiten in regelmäßigen Abständen. Dabei bekommen die Schüler die Kriterien in Form einer Auflistung auf einem Bogen (s. Abb. 89), lesen die einzelnen Kriterien durch und kreuzen ihrer Einschätzung nach an, wo sie stehen. Sind die Kinder mit dieser Art der Selbstreflexion vertraut, entwickeln sie zunehmend eine realistische Einschätzung ihrer eigenen Fähigkeiten. Der Bogen kann jederzeit um Kriterien gekürzt oder auch ergänzt werden.

Einschätzung/Rückmeldung über den Leistungsstand in Mathematik:
Klasse 1

Name: ______________________ Datum: ____________________

	Deine Einschätzung:					Frau Fabricius' Einschätzung:			
So sicher bist du schon:	☆	☺	😐	☹		☆	☺	😐	☹
Im Kopf kann ich schnell und sicher rechnen.									
Ich kann bis zur 10 ergänzen.									
Im Plusrechnen bis 20 bin ich sicher. => mit einfachen Aufgaben									
Im Plusrechnen bis 20 bin ich sicher. => mit schweren Aufgaben									
Im Minusrechnen bis 20 bin ich sicher. => mit einfachen Aufgaben									
Im Minusrechnen bis 20 bin ich sicher. => mit schweren Aufgaben									
Ich kann schon Rechenstrategien (Tauschaufgabe...) anwenden.									
Ich finde / schreibe Entdeckungen auf.									
Denkaufgaben / Knobeln mag ich.									
Ich kenne die Geldmünzen und Scheine.									
Sachaufgaben kann ich gut lösen.									

Das solltest du noch besonders üben:

	Was ?	Wie oder womit ?
	Kopfrechnen	Blitzrechnen am Computer, Kopfrechenkiste
	Ergänzen bis zur 10	Kopfrechenkiste, Schüttelschachteln
	Plusrechnen bis 20 mit einfachen Aufgaben 4+3 / 12+5	Blitzrechnen, Mathespiele, Geometrie
	Plusrechnen bis 20 mit schweren Aufgaben 4+7 / 8+3	Blitzrechnen, Mathespiele, Geometrie
	Minusrechnen bis 20 mit einfachen Aufgaben 5−4 / 14−3	Blitzrechnen, Mathespiele, Geometrie
	Minusrechnen bis 20 mit schweren Aufgaben 15−9 / 11−6	Blitzrechnen, Mathespiele, Geometrie
	Anwenden von Rechenstrategien	Kombino
	Aufschreiben von Entdeckungen	immer wieder, denn: Übung macht den Meister!
	Denkaufgaben	Denkschule, Kombino

Unterschrift Frau Fabricius   Deine Unterschrift   Unterschrift Eltern

Abb. 89: Selbsteinschätzungsbogen für das Fach Mathematik (vgl. Laferi, A. / Laferi, M. 2007)

Selbsteinschätzung zum Bereich „Kooperieren“

Diese Form der Rückmeldung kann vielfältig eingesetzt werden und auch bezüglich einzelner Lernschwerpunkte sinnvoll sein. Der folgende Rückmeldebogen spricht die prozessbezogene Kompetenz „Kooperieren“ an, die einem zu bearbeitenden Thema übergeordnet sein kann. Dafür bietet es sich an, mit den Kindern darüber zu sprechen, dass durch eine gute Zusammenarbeit der Schüler untereinander wertvolle Lösungen zustandekommen können. In diesem Kontext kann dann in einer folgenden Unterrichtsreihe, in der das kooperative Arbeiten zur Lösungsfindung unabdingbar ist, diese Kompetenz einmal stärker in das Bewusstsein der Kinder rücken. Dazu kleben sie den Bogen in ihr Lerntagebuch und können in gewissen Abständen darüber nachdenken, wie es bereits geklappt hat. Das Kooperieren steht exemplarisch im Blickpunkt, ebenso könnte mit anderen Lernkompetenzen verfahren werden.

Was ich in Mathe lernen möchte

Datum:				
Das nehme ich mir in Mathe vor:	Ich kann bei Aufgaben in Mathe gut mit anderen zusammen arbeiten und zu gemeinsamen Lösungen kommen. 			
So hat das schon geklappt:				
Datum:				
	☆	☺	😐	☹
So sehe ich das:				
So sieht meine Lehrerin das:				

Abb. 90: Selbsteinschätzungsbogen für den Bereich „Kooperieren“

Es ist wichtig, dass zuerst das Kind über seine Arbeit nachdenkt und im Anschluss die Lehrerin ihre Rückmeldung abgibt. Dadurch lernen die Schüler, ihre Leistungen selbstgesteuert zu reflektieren und ihr Urteil nicht von dem der Lehrerin abhängig zu machen. Wenn die Kinder diese Art der Rückmeldung kennen, bauen sie ihre Reflexionsfähigkeiten so weit aus, dass ihre Einschätzungen mit denen der Lehrerin im Laufe der Zeit weitgehend übereinstimmen. Damit können erbrachte Leistungen unabhängig von der Lehrerin realistisch eingeschätzt und ein konstruktives Bewusstsein zur eigenen Lernbiographie geschaffen werden.

5.2.2 Kinder geben sich gegenseitig Rückmeldung

Wenn Kinder miteinander an einer Aufgabe arbeiten, geben sie sich im Rahmen ihrer Gespräche laufend Rückmeldung über ihre persönlichen Ideen und Meinungen. Durch diesen interaktiven Austausch können sie wertvolle Erkenntnisse sammeln und zu kreativen Lösungen gelangen.

Auch an eine gegenseitige Rückmeldung hinsichtlich ihrer Leistungen sowie ihres Lernprozesses können Schüler herangeführt werden. Das schult zum einen ihre Reflexionsfähigkeit gegenüber den eigenen und fremden Produkten, zum anderen formt der kooperative Umgang die Sozialkompetenzen der Schüler und kann rivalisierendes Verhalten im Rahmen der Leistungsbeurteilung verhindern.

Formen der Rückmeldungen wurden bereits in Kapitel 3 in Bezug auf die Aktivitäten angesprochen, die sich bei der Arbeit mit dem Lerntagebuch anschließen. Hier geht es jedoch mehr um Rückmeldungen, die sich auf Lernkompetenzen der Schüler beziehen. Im folgenden Beispiel beziehen die Mitschüler selbst Stellung dazu, wie eine offene Aufgabe im Lerntagebuch gelöst wurde. Wichtig ist, den Kindern deutlich zu machen, dass es nicht um „richtig“ und „falsch“ bei der Bearbeitung von Aufgaben geht. Es soll vielmehr darüber gesprochen werden, welche Darstellungsformen eine „gute Lösung“ ausmachen können, z.B. eine Zeichnung anfertigen, ausführlich zur Lösung schreiben usw. Diese Fähigkeiten können jedoch nur allmählich entwickelt werden, denn das Kind muss einerseits lernen, die eigene Lösung hinsichtlich bestimmter Kriterien zu betrachten und andererseits lernen, fremde Ausarbeitungen zu lesen und dann zu beurteilen.

Fähigkeiten der Leistungseinschätzung langsam anbahnen

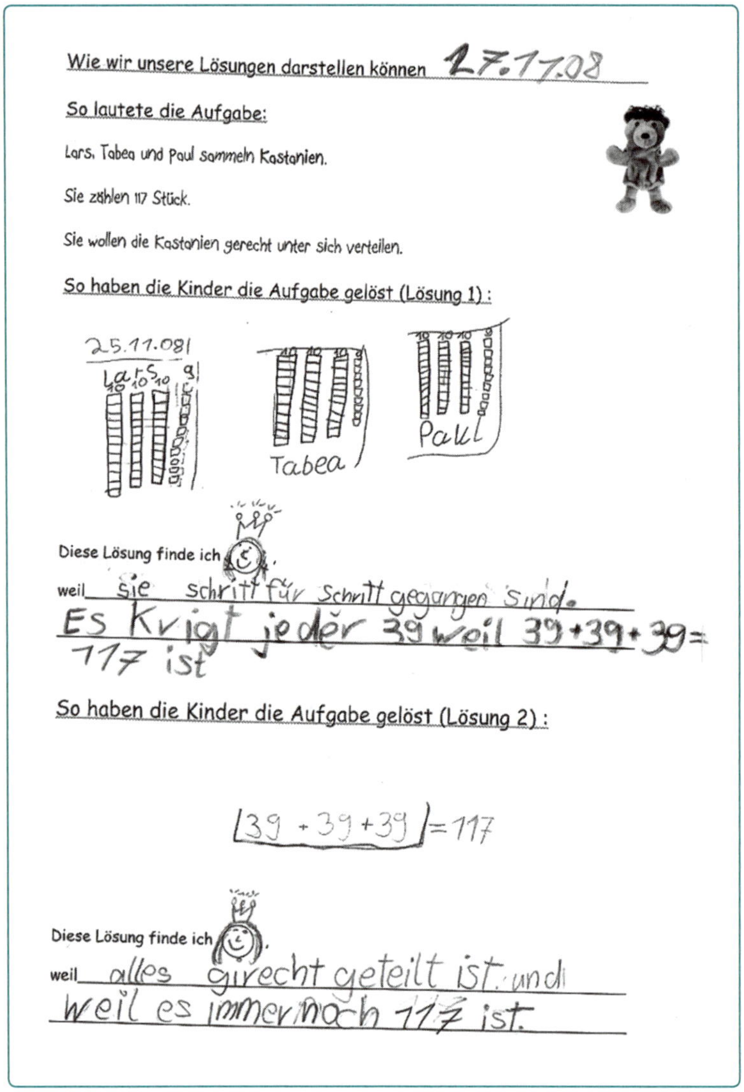

Abb. 91: Clara trainiert die „Rückmeldung" (2. Schj.).

Die Schülerinnen und Schüler prägen ihre Beurteilungs- und Reflexionsfähigkeiten sukzessive aus, sodass dieser Prozess langsam anzubahnen und nach und nach weiterzuentwickeln ist. Wie das Beispiel zeigt, fällt es Clara noch schwer, zu den Ergebnissen ihrer Mitschüler Stellung zu beziehen und sie kriterienbezogen zu beurteilen.

5.2.3 Kinder erhalten von der Lehrerin Rückmeldung

Eine differenzierte Rückmeldung durch die Lehrerin setzt eine intensive Beobachtung und Zuwendung im Unterrichtsgeschehen in beratender sowie unterstützender Form voraus.

Wie bereits beschrieben, kann die Rückmeldung der Lehrerin an die des Kindes gekoppelt sein und durch Ankreuztabellen erfolgen. Damit kann sie dem Kind mit geringem Aufwand eine differenzierte Rückmeldung geben. Diese Leistungskriterien können als Baustein der Leistungskultur an der jeweiligen Schule gemeinsam erarbeitet und festgelegt werden.

Kombiniert oder ergänzt werden sollte diese Art der Leistungsrückmeldung noch durch Kommentare, die den Leistungswillen und die Leistungsfähigkeit der Kinder im besonderen Maße stärken.

BEISPIEL: Im 1. Schuljahr bzw. in einer jahrgangsgemischten Lerngruppe haben die Kinder Weihnachtsaufgaben aufgeschrieben. Diese sollten im Lerntagebuch ikonisch dargestellt und symbolisch notiert werden. Paul hat als Erstklässler viele Aufgaben gefunden und richtig gelöst. Das habe ich ihm positiv rückgemeldet. Außerdem habe ich ihn darauf hingewiesen, dass er seine Gedanken bezüglich seiner gewählten Zeichen für Zehner und Einer noch offener darlegen sollte.

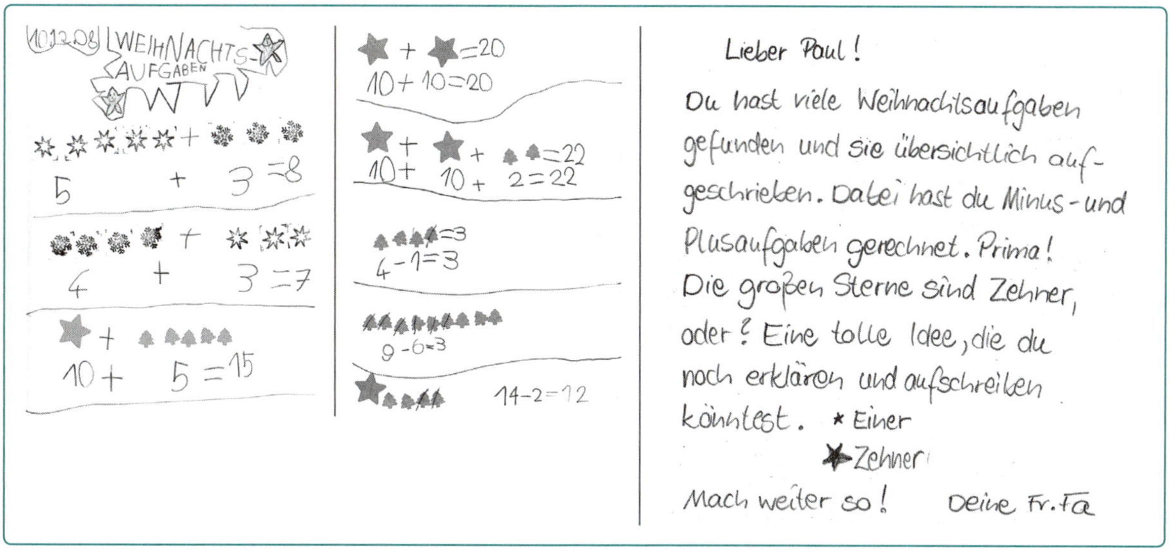

Abb. 92: Paul erhält eine Rückmeldung zu seinen Weihnachtsaufgaben (1. Schj.).

5.3 Umgang mit „Fehlern"

Wo gelernt wird, werden auch Fehler gemacht. Interessant ist es daher, zu fragen: Wie gehen wir als Lehrkraft mit den Fehlern der Kinder um? Korrigieren wir die Schülerinnen und Schüler allzu schnell? Auf welche Art und Weise geben wir den Kindern über ihre Fehler Rückmeldung?

Wenn ich mich an meine eigene Schulzeit erinnere, ging es damals im Mathematikunterricht lediglich darum, Rechenwege nachzuvollziehen und dann – oft unverstanden – nachzuahmen. Fehler waren „verboten" und sollten vermieden werden. Daher waren meine mathematischen Lösungen weniger ein Produkt meiner eigenen Denkleistung, sondern ein adaptiertes, kaum von mir selbst nachvollzogenes Konstrukt meines Mathelehrers.

Die Denkwege der Kinder verstehen – Ein lernförderndes Unterrichtsklima schaffen

Grundsätzlich gilt, erst einmal genauer hinzusehen oder nachzufragen, wenn wir die Denkwege der Kinder verstehen wollen. „Einiges von dem, was in unseren Augen und Ohren fehlerhaft erscheint, ist es gar nicht. Es ist dann sogar eher unser Fehler, wenn wir es nicht erkennen." (Spiegel / Selter 2003) Dem kann ich nur beipflichten, denn häufig nehmen wir uns nicht die Zeit oder bringen nicht die nötige Geduld auf, uns den Worten oder Gedanken der Kinder zu öffnen. Dabei steckt in jedem Kind ein großes Potenzial an Wissen und Kreativität. Die Aufgabe der Lehrerin ist es, ihnen Möglichkeiten zur Entfaltung dieser Fähigkeiten zu bieten und sie mit ihren Begabungen wahrzunehmen, das leistungsstarke Kind genauso wie das schwache.

In einem Mathematikunterricht, in dem wir Kindern zugestehen, eigene Denk- und Lösungswege zu beschreiten, sind „Fehler" erlaubt, denn sie sind ein Teil wichtiger Lernprozesse.

Gerade im Rahmen der Arbeit mit dem Lerntagebuch sind Fehler von der Lehrerin als Hinweis zu verstehen, wie ein Kind denkt; häufig unterliegen diese einer logischen Systematik. Ein abwertender Umgang mit „Fehlern" ist unbedingt zu vermeiden. „Fehler zeigen uns, wo wir uns noch verbessern müssen. Oft stecken auch hinter Fehlern gute Gedanken." (Schütte 2008, S. 161) Um diese „guten" Gedanken und Lösungsansätze, aus denen sich selbstständiges mathematisches Denken entfalten kann, weiterzuentwickeln, braucht das Kind Unterstützung durch die Lehrerin. Aus diesem Grund ist es hilfreich, eine angenehme Lernatmosphäre zu schaffen, in der Lehrerin und Kind in einem Dialog miteinander stehen. Hier können wir die Kinder in ihrem Lernprozess begleiten und ergründen, wie es zu den „Fehlern" gekommen ist.

Über „Fehler" ins Gespräch kommen

Das Klassenklima verbessert sich, wenn alle Kinder sich darüber bewusst sind, dass sie Fehler machen dürfen und auch akzeptieren, wenn anderen Mitschülern Fehler passieren. Gespräche und Arbeitsphasen sind immer als Wege zum Ziel zu proklamieren, bei denen Fehler ganz selbstverständlich mit dazugehören.

Fehler ist nicht gleich Fehler

Es gibt unterschiedliche Fehlerarten, die wiederum auf verschiedene Ursachen zurückzuführen sind. Dabei kann man grob zwischen „Denkfehlern" und „Flüchtigkeitsfehlern" unterscheiden. Mit beiden Formen ist unterschiedlich umzugehen.

Stelle ich als Lehrkraft während des Arbeitsprozesses im Lerntagebuch Fehler fest, so ist es meine Aufgabe, den richtigen Impuls zu geben, der zum Erkennen und Auflösen des „Irrtums" hilfreich ist. Je nach Entwicklungsstand des Kindes ist aber nicht jeder Fehler aufzuklären und kann erst auf einem höheren Entwicklungsniveau erkannt werden. Daher kommt es auf die unterrichtliche Situation und den Lernstand des Kindes an, inwieweit Fehler angemerkt, diskutiert und verstanden bzw. korrigiert werden können.

„Flüchtigkeitsfehler"

Folgende Impulse sind bei „Flüchtigkeitsfehlern" angemessen:

- Schau dir noch einmal die Aufgabenstellung an.
- Hast du die Aufgabenstellung richtig gelesen?
- Schau dir mal die Zahl / das Ergebnis an.
- Was fällt dir daran auf?

Hier kann ich mit Nachdruck darauf bestehen, dass das Kind den Fehler korrigiert, denn er ist nicht auf seine individuelle Denkweise zurückzuführen, sondern meist die Folge von Unkonzentriertheit oder Unachtsamkeit.

„Denkfehler"

Mit „Denkfehlern" gehe ich jedoch dementsprechend vorsichtiger um, und es ist für den Lernprozess des Kindes nicht immer förderlich, auf eine Korrektur zu bestehen. Dennoch kann nachgefragt werden:

- Schau dir noch einmal deinen Lösungsweg an und überlege, was in der Aufgabe steht.
- Fällt dir an deinem Lösungsweg etwas auf?

Es können auch adäquate Impulse zum Inhalt gegeben werden; dabei sollte der Lösungsweg des Kindes aber keinesfalls abgewertet werden. Sollte das Kind durch eine konstruktive Anregung keinen Erkenntnisgewinn zeigen, kann möglicherweise zu einem späteren Zeitpunkt eine Einsicht herbeigeführt werden. Wichtig ist, hinsichtlich des Lernprozesses der Kinder Geduld zu entwickeln und jedem einzelnen seinen individuellen Rahmen zuzugestehen, damit sich oft ungeahnte Potenziale entfalten können.

Nachdem diskutiert wurde, welche Fehler Kinder machen können und wie damit umgegangen werden soll, spielt es ebenso eine Rolle, wann sie auftreten.

„Am Ende eines Erarbeitungsprozesses sollte weitgehende Fehlerfreiheit der Ergebnisse erzielt werden. Hinsichtlich des Lösungsweges jedoch sollte weitgehende Freiheit bestehen. Jeder Weg, der zum Ziel führt und auf einer Eigenleistung beruht, ist ‚richtig' und als solcher zu würdigen." (Schütte 2008, S. 161)

Es kommt also darauf an, an welcher Stelle des Lernprozesses „Fehler“ gemacht werden. Einträge ins Lerntagebuch finden in der Regel vor oder während einer Erarbeitungsphase statt. Dabei gehen die Kinder u.a. folgenden Aufgaben nach:

- Was weißt du schon zum Thema?
- Welche Aufgaben kannst du schon?
- Wie kannst du das und das rechnen?
- Wie rechnest du das und das?
- Welche Möglichkeiten gibt es, das und das zu rechnen?
- ...

„Fehler“ im Lerntagebuch sollten nicht korrigiert werden, wenn sie im Rahmen eines komplexen, das eigene Denken fördernden Lernprozesses hilfreich und nützlich sind. Auch eine Auseinandersetzung mit dem Thema, und sei es durch einen fehlerhaften Ansatz, kann Schülerinnen und Schüler zu einer wichtigen Erkenntnis führen und sie dadurch in ihrem Entwicklungsprozess weiter voranbringen.

Fehler bedürfen einer Rückmeldung

Während einer Unterrichtssituation gelingt es der Lehrerin kaum, mit jedem Kind ausführlich über seinen Lösungsweg zu sprechen. Es ist sinnvoll, sich immer mal wieder eine andere Tischgruppe vorzunehmen, um einen facettenreichen Eindruck zum Lernstand jedes Kindes zu erhalten.

Darüber hinaus kann die Lehrerin mit dem Kind (auch schriftlich) in einen Dialog über seine Denkwege treten, indem sie vor allem fehlerhafte Lösungen in einer konstruktiven Weise kommentiert oder den inhaltlichen Widerspruch aufzuzeigen versucht:

- Hier hast du einen Denkfehler gemacht, findest du ihn?
- Stimmt das?
- Findest du noch andere Lösungswege?
- ...

Zusammengefasst gehört es zur diagnostischen Aufgabe der Lehrerin, Fehler durch intensive Beobachtung der Lernenden zu erkennen, durch Gespräche mit dem Kind zu analysieren und in mündlicher oder schriftlicher Form zu kommentieren, gegebenenfalls je nach „Fehlerart“ auch zu korrigieren. Dies sollte aber in einer Art und Weise geschehen, die auf den Lernprozess des Kindes ermutigend einwirkt und „Umwege“ im Denken akzeptiert.

5.4 Lernspuren präsentieren und veröffentlichen

Persönliche Lernspuren

Die Einträge ins Lerntagebuch sind sehr individuelle „Spuren" der Kinder, mit denen die Lehrerin und auch andere Schülerinnen und Schüler sensibel umzugehen haben. Wie ich bereits deutlich gemacht habe, ist den Kindern zu jedem Zeitpunkt das Gefühl zu vermitteln, dass das Lerntagebuch einen maximalen Raum zur Selbstentfaltung bereitstellt und jede Form einer Lösung akzeptiert wird, sofern sachbezogen und ordentlich gearbeitet wird.

Im Rahmen einer ermutigenden Lern- und Leistungskultur, in der das Kind positive Rückmeldung zu seinen Arbeiten erhält, kann auch die Veröffentlichung der Lernspuren selbstverständlich werden. Ziel ist es, dass alle Kinder ihre eigenen und die Lösungen anderer wertschätzen, sodass in einer größeren Öffentlichkeit wie der Klassengemeinschaft konstruktiv über die verschiedenen Möglichkeiten der Wege nachgedacht werden kann.

Über die Anschlussaktivitäten habe ich bereits in Kapitel 3.2 berichtet, die sich jedoch mehr auf die methodischen und inhaltlichen Ziele der Unterrichtsarbeit beziehen. In diesem Zusammenhang steht im Vordergrund, wie mit Eigenproduktionen in Bezug auf die Leistungsbeurteilung weiter umgegangen werden kann.

Sesseltanz

Beim Sesseltanz nach Ruf / Gallin (vgl. Grundschule aktuell, 2007) geben sich die Kinder zu ihren Eigenproduktionen untereinander Rückmeldung. Nachdem alle Schülerinnen und Schüler die gleiche Aufgabe bearbeitet haben, legen sie ein leeres Blatt Papier mit dem Titel „Rückmeldungen" auf den Tisch und tauschen mit einem anderen Kind den Platz. Bei der Ansicht erhalten sie Einblicke in die Lösungswege der Mitschüler und können ihren persönlichen Eindruck zur Bearbeitung schriftlich äußern. In dieser Rolle betrachten die Kinder den Lerngegenstand noch einmal aus einer anderen Perspektive, d.h. mit einigem Abstand, sodass sie durch die Fremdreflexion auch ihre eigenen Ergebnisse auf einem anspruchsvolleren Niveau überdenken können. Zudem wird ihr Erfahrungsschatz durch die Veröffentlichung der Ergebnisse anderer erweitert.

Mathekonferenzen

In Mathekonferenzen finden die Schülerinnen und Schüler Gelegenheit, sich über ihre Entdeckungen zu einem bestimmten Arbeitsauftrag oder einer Aufgabe auszutauschen. Es kann über verschiedene Vorgehensweisen und Lösungswege diskutiert werden. Dazu bringen die Kinder ihr Lerntagebuch mit in den Bankkreis, eventuell auch Stuhlkreis, legen es unter sich ab und können ihre Ergebnisse ihren Mitschülern präsentieren und dadurch neue Einsichten gewinnen.

Kindersprechtag

Da Gespräche zwischen Lehrerin und Schülern im Schulalltag oft zu kurz kommen, kann ein „Kindersprechtag" (vgl. Selter / Sundermann 2006) anberaumt werden, der regelmäßig durchgeführt wird. Wenn alle Kinder der Lerngruppe selbstständig einer stillen Aufgabe nachgehen, kann je nach zur Verfügung stehender Zeit eine Sprechzeit für mehrere Kinder eingeräumt werden. Hier erhalten sie Rückmeldung zu ihrem Lern- und Leistungsstand; die Lerntagebücher können als Grundlage für das Gespräch dienen. Dabei sind zuerst einmal positive Gesichtspunkte in der Lernentwicklung des Kindes anzumerken, im zweiten Schritt kann dann besprochen werden, woran es noch arbeiten muss. Die wichtigsten Ergebnisse des Gesprächs können auch schriftlich im Lerntagebuch festgehalten werden.

Der „Kindersprechtag" kann auch den Elternsprechtag ergänzen, indem die zu thematisierenden Lernschwerpunkte dem Kind verständlich und in Form von konkreten Tipps für die Weiterarbeit präsentiert werden.

Spurensuche

Die „Spurensuche" führe ich einmal im Monat mit allen Kindern durch. Immer freitags während der Freiarbeit schaue ich mir mit dem betreffenden Kind (5 – 6 Kinder pro Termin) an, welche „Spuren" es im Lerntagebuch gelegt hat. Zuvor erhält es Gelegenheit, über seine Eigenproduktionen nachzudenken und sich auf einem Bogen (s. Abb. 93) Notizen zu machen. Dies kann auf einen Lernbereich oder allgemein auf alle Einträge angewendet werden. Außerdem werden die Stellen im Lerntagebuch, über die das Kind sprechen möchte, mit einem Sternchen o.Ä. gekennzeichnet, sodass während des Gespräches darauf Bezug genommen werden kann. Dabei überlegen wir auch, welche Einträge ihm gut gelungen sind und was es sich für die nächste Zeit noch vornehmen kann. Für die organisatorische Durchführung der „Spurensuche“ reicht eine Klassenliste, die mit dem jeweiligen Monat überschrieben ist und dann chronologisch abgearbeitet werden kann. Die Erfahrung hat gezeigt, dass die Kinder diese Form der Rückmeldung überaus schätzen gelernt haben, denn damit finden sie einen Raum der Veröffentlichung und Wertschätzung ihrer Lernfortschritte.

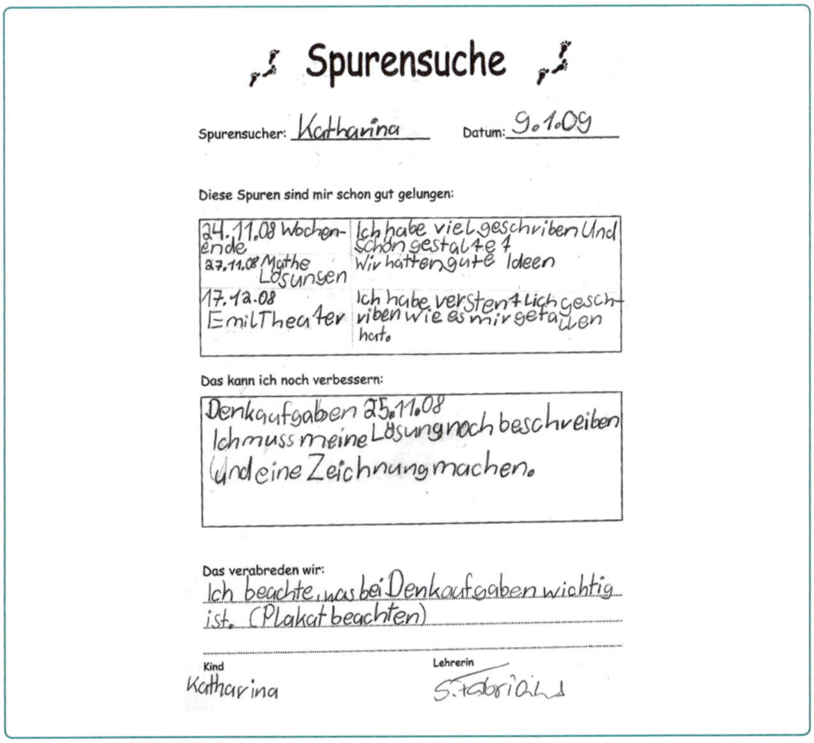
Spurensuche

Spurensucher: Katharina Datum: 9.1.09

Diese Spuren sind mir schon gut gelungen:

24.11.08 Wochenende	Ich habe viel geschriben Und schön gestaltet
27.11.08 Mathe Lösungen	Wir hatten gute Ideen
17.12.08 Emil Theater	Ich habe verstentlich geschriben wie es mir gefallen hat.

Das kann ich noch verbessern:

Denkaufgaben 25.11.08 Ich muss meine Lösung noch beschreiben Und eine Zeichnung machen.

Das verabreden wir:

Ich beachte, was bei Denkaufgaben wichtig ist. (Plakat beachten)

Kind: Katharina Lehrerin: S. Gabriel

Abb. 93: Katharina auf „Spurensuche“ (2. Schj.)

Elternsprechtag

Auch den Eltern sollten die Eigenproduktionen ihrer Kinder präsentiert werden. Dazu bietet der Elternsprechtag eine gute Gelegenheit. Vor dem Termin können die Tagebücher bereits draußen vor der Klasse deponiert und für die Eltern einsehbar bereitgestellt werden. Dabei sollte überlegt werden, ob die Eltern ausschließlich in das Buch ihres eigenen Kindes hineinschauen dürfen, um eine vergleichende Haltung zu anderen Lerndokumentationen von Anfang an auszuschließen. Die „Spuren“ des eigenen Kindes sind für die Eltern sehr aufschlussreich und können auch noch während des Gesprächs angeschaut werden.

Offene Klasse

Ähnlich wie beim Tag der offenen Tür können die verschiedenen Klassen einer Schule zu einem bestimmten Termin ihre Tür öffnen und gut gelungene Ergebnisse für andere ausstellen. Dabei legen die Schülerinnen und Schüler ihr Lerntagebuch aufgeschlagen auf den Tisch. Die Seite bzw. das Dokument, das von anderen bestaunt werden darf, suchen sie selbst aus. Man kann die Regel vereinbaren, dass keine Seite umgeschlagen werden darf – oder es erlauben, je nachdem, was die Kinder vorziehen.

Tag der offenen Tür

Beim Tag der offenen Tür wollen Eltern von zukünftigen Schulkindern etwas über die Lern- und Leistungskultur der jeweiligen Schule erfahren. Daher ist es für sie aufschlussreich, auch die Unterrichtsmethoden und die dabei eingesetzten Medien kennenzulernen. Für die meisten Eltern ist diese Art des Lernens mit dem Lerntagebuch neu und ungewohnt. Engagierte Eltern der Klasse können unterstützend mitwirken und den „neuen“ Eltern erklären, wie die Arbeit mit dem Lerntagebuch gehandhabt wird.

6 Praktische Hinweise zur Arbeit mit Lerntagebüchern

6.1 (Offene) Arbeitsaufträge für das Lerntagebuch formulieren

In den vorangegangenen Kapiteln sind bereits viele Praxisbeispiele zur Arbeit mit dem Lerntagebuch angeführt worden. Dabei wird die Frage aufgeworfen, wie Kinder zu dieser Form des Arbeitens angeregt werden können.

Die Basis für einen Unterricht mit dem Lerntagebuch bilden offene Aufgaben, die den Lernenden die Möglichkeit geben, die im Rahmen dieser Aufgaben an sie gestellten Anforderungen ihrem individuellen Leistungsniveau entsprechend zu bearbeiten (Hengartner 1999, Schütte 2004). Durch die wenigen strukturellen Vorgaben offener Aufgaben wird jedem Lernenden Raum gegeben, seine individuellen Stärken zu zeigen und zu verwirklichen.

Je nach Thema und Inhalt kann der Grad der Offenheit einer Aufgabe variieren. Will man herausfinden, welches Vorwissen das Kind zu einem Thema mitbringt, bietet es sich an, die Aufgabe besonders offen, also ohne strukturelle Vorgaben, zu stellen: „Was weißt du schon zum Thema?“ oder „Wie viel ist eigentlich 100?“ oder „Was weißt du schon zum Einmaleins?“ oder „Wie viel ist eigentlich 1.000.000?“

Vorwissen offenlegen

Bei diesen Aufträgen fehlt bewusst jede Zielvorgabe, um möglichst viel über das Vorwissen der Kinder zu erfahren. Ich schaue genau hin: Wo stehen die Kinder? Was bringen sie an Vorwissen mit? Welche persönlichen Interessen haben sie am Thema? usw. Diese Blickwinkel auf das Kind sind für die effektive Planung und Evaluation meines Unterrichts hilfreich.

Weitere Aufgaben erfinden

Aufträge für das Lerntagebuch können auch darin bestehen, eine Aufgabe weiterzuführen, eigene oder weitere Aufgaben zu einem Thema zu finden: „Findest du noch mehr Spiegelaufgaben?“ oder „Kennst du noch Aufgaben mit der 100?“

Differenzierung kann also auf qualitativer oder quantitativer Ebene erfolgen; beide Formen der Differenzierung können dabei miteinander verknüpft sein. Ein Kind kann zum Beispiel noch weitere „schöne Päckchen“ finden, dabei jedoch zusätzlich den Schwierigkeitsgrad und die

Komplexität der Aufgaben selbst bestimmen, sofern ansonsten keine Vorgabe gemacht wird.

Eigene Lösungswege sind gefragt

Kindern, denen solche offenen Aufgabenstellungen nicht geläufig sind, reagieren eventuell zuerst verunsichert. Sie „zerbrechen" sich den Kopf darüber, wie die Lösung lauten könnte, die die Lehrerin verlangt. In diesen Situationen sollten die Kinder erfahren, dass es in der Regel meist nicht **die** Lösung gibt bzw. dass nicht eine ganz bestimmte gesucht wird. Vielmehr ist ihr eigener Lösungsweg gefragt. Denn wie viel geistige Kreativität in jedem einzelnen Kind steckt, werden wir erst herausfinden, wenn wir ihnen die Möglichkeit geben, ihre Ideen und Gedanken angstfrei der „Öffentlichkeit" zu offenbaren.

Wechsel von individueller und gemeinsamer Arbeit

Nach der individuellen Bearbeitung einer offenen Aufgabe muss sich unbedingt eine Arbeitsform anschließen, in der sich alle über die verschiedenen, oft spezifischen Lösungen verständigen. Dies kann in Form einer Partner- oder Gruppenarbeit erfolgen. Auch ein Unterrichtsgespräch mit der gesamten Lerngruppe ist möglich. Dabei ist zu berücksichtigen, dass die einzelnen Ergebnisse der Kinder eine Wertschätzung auch durch die eigenen Klassenkameraden erfahren. Den Kindern sollte deutlich werden, dass jede Lösung ihre Berechtigung besitzt. Natürlich gibt es häufig aus mathematischer Sicht mehr oder weniger geeignete Wege oder Lösungen, über die es auf jeden Fall mit den Kindern zu diskutieren gilt. Darüber hinaus muss den Kindern klar werden, dass man auch aus Fehlern lernen kann.

Hilfe und Anregungen für Schwächere

Der Umgang mit offenen Aufgaben muss allmählich entwickelt werden. Daher sind vor allem den Kindern Hilfen an die Hand zu geben, die zunächst noch Schwierigkeiten bei der Bewältigung dieser Aufgaben haben. Im Unterricht sollte thematisiert werden, wie die Schüler an diese Aufgabenstellungen herangehen und zu Lösungswegen gelangen können. Voraussetzung ist jedoch, den Kindern den Raum zuzugestehen, den sie zur Entwicklung ihrer Fähigkeiten benötigen und sie in ihrer mathematischen Ideenverwirklichung nicht einzuengen.

Persönliche Bezüge herstellen

Begonnen werden kann mit Aufgaben, zu denen die Lernenden einen persönlichen Bezug haben, d.h. man wählt bewusst Aufträge aus, die die Lebenswelt oder die Vorlieben der Kinder berücksichtigen. Um sie an diese offenen Aufgabenstellungen von Anfang zu gewöhnen, können alle möglichen Anlässe aus unterschiedlichen Lernbereichen aufgegriffen werden. Das können Zeichnungen, gemalte Bilder, die Lieblingszahl, der Lieblingsbuchstabe, erste Wörter und Zahlen sein.

Das Schaffen persönlicher Bezüge unterstützt den Prozess, das Lerntagebuch als wichtiges Buch des Lernens wahrzunehmen und eine ganz persönliche Beziehung zu diesem Medium aufzubauen.

Das Erste, was Falilat in ihr Lerntagebuch eingetragen hat, ist zum Beispiel eine Zeichnung zu der Geschichte, die ich meiner Tiger- und Bärenklasse zu Schulbeginn vorgelesen habe (s. Abb. 94).

Abb. 94: Falilats erster Eintrag (1. Schj.)

Abb. 95: Falilats Lieblingszahl (1. Schj.)

Die nächste „Spur" ist mathematischen Charakters, hier hat Falilat ihre Lieblingszahl 7 sehr ordentlich und ansprechend aufgezeichnet (s. Abb. 95). Für diese Aufgabenstellung war es wichtig, eine Seite des Buches auszufüllen sowie sich bei der Gestaltung viel Mühe zu geben, was zu Beginn der Grundschulzeit für manche Kinder eine große Herausforderung darstellt. Konkret denkbar wäre folgender Arbeitsauftrag: „Suche die nächste freie Seite in deinem Lerntagebuch, schreibe dort das Datum auf und gestalte deine Lieblingszahl. Nutze die ganze Seite und zeichne alles auf, was zu deiner Lieblingszahl gehört. Dabei darfst du alles schön bunt gestalten und solltest dir so viel Mühe geben, dass man erkennen kann, dass es deine allerliebste Zahl ist."

Eigene Produkte durch eine mühevolle Gestaltung wertschätzen

Neben der Lieblingszahl können auch alle Zahlen, die das Kind kennt, notiert werden. Kathrin kann bereits viele Zahlen schreiben und nutzt den Raum der Lerntagebuchseite für ihre ersten mathematischen Aufzeichnungen großzügig aus (s. Abb. 96, S. 126).

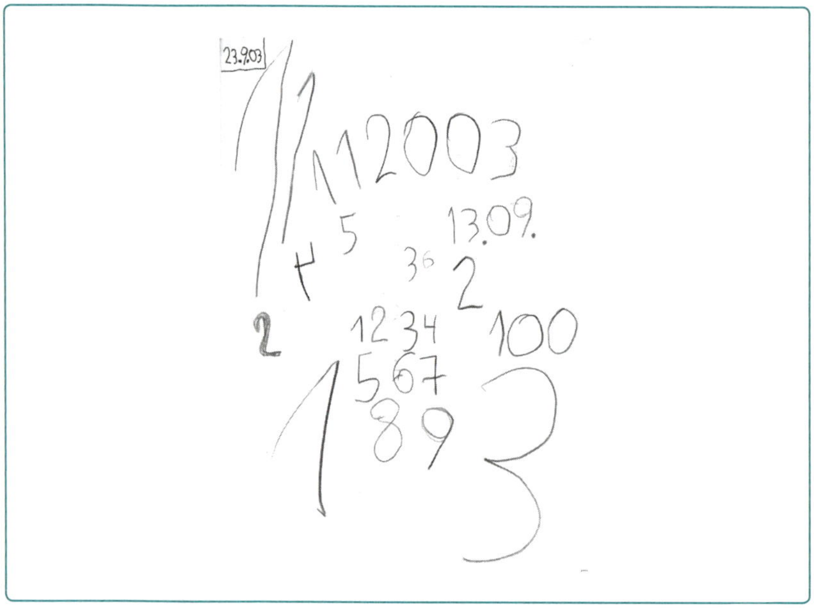

Abb. 96: Kathrins erste mathematische Spur (1. Schj.)

Wann schreiben wir ins Lerntagebuch?

In welchen zeitlichen Abständen die Einträge ins Lerntagebuch vorgenommen werden, kann die Lehrerin ganz individuell entscheiden, dabei muss keine Regelmäßigkeit eingehalten werden. Vielmehr sollte danach geschaut werden, welche Aufgabe ergiebig genug erscheint und ob damit auf die unterschiedlichen Lernfähigkeiten der Kinder eingegangen werden kann.

Was für die Aufgaben im Lerntagebuch wichtig ist

Nach den ersten Eintragungen, die sehr persönlich ausfallen, kann mit den Kindern gemeinsam überlegt werden, was bei den Aufgaben im Lerntagebuch grundsätzlich beachtet werden sollte. Damit die Lernspuren auch zu einem späteren Zeitpunkt nachzuvollziehen sind, kann der jeweiligen Aufgabe eine Überschrift gegeben werden.

Wie lautet die Aufgabe?

Möglich ist auch, dass die Lehrerin den Kindern einen vorgefertigten Auftrag in Form eines kleinen Zettels an die Hand gibt, der über die jeweilige Lösung des Kindes geklebt wird. Renate Rasch hält in ihren Bänden „Offene Aufgaben für individuelles Lernen im Mathematikunterricht der Grundschule 1/2 und 3/4“ (Rasch, 2007) bereits vorgefertigte Arbeitsaufträge bereit, die von der Lehrerin nur noch auszudrucken sind. Dabei ist die Aufgabenstellung, die für alle Kinder gleich ist, mehrfach untereinander abgedruckt, sodass diese Vorlage in Streifen geschnitten sofort an die Kinder verteilt werden kann.

So kann ich meine Ideen anschaulich machen

Darüber hinaus kann über verschiedene Darstellungsformen nachgedacht werden, mit denen die Kinder ihre unterschiedlichen Lösungen möglichst facettenreich veranschaulichen können. Dabei sind vor allem die Ideen der Kinder zu berücksichtigen, die beispielsweise auf einem Plakat mit dem Titel „So kann ich meine Ideen im Lerntagebuch zeigen" für die Klasse festgehalten werden könnten. Den Schülerinnen und Schülern sollte deutlich werden, dass sie verschiedene „Werkzeuge" benutzen dürfen, um ihre Ideen und Gedanken darzustellen. Dazu gehören das Malen, das Zeichnen, das Schreiben, das Anfertigen von Tabellen usw. Die Verwendung dieser verschiedenen Darstellungsmittel ist wie vieles andere allmählich zu entwickeln und kann über die Kreativität des Denkens sowie den Grad der Abstraktionsfähigkeit des Lernenden Aufschluss geben.

Des Weiteren lernen die Kinder auch, den Blick eines Adressaten zu berücksichtigen, dessen Rolle sie in einigen Wochen, Monaten oder Jahren selbst einnehmen könnten.

Nachdem die Arbeit mit dem Lerntagebuch für die Kinder nicht mehr fremd ist und sie sich hinsichtlich ihrer Fähigkeiten weiterentwickelt haben, können auch komplexere Aufgaben an sie gestellt werden. Neben Aufgaben, die für sie einen persönlichen Bezugspunkt beinhalten, sind ebenso diese offenen Aufgaben für das Lerntagebuch interessant, die neugierig machen, die Schüler zum Staunen bringen und sie zur Produktivität motivieren. In Kapitel 3 und 4 sind dazu viele Beispiele zu finden. Das „Zum-Staunen-Bringen" muss sich aber nicht nur auf den Inhalt der Aufgabenstellung konzentrieren, sondern kann sich auch auf die Lösungen des Kindes beziehen, mit denen es selbst den Gedanken verbinden kann: „Puh, was ich schon alles weiß" oder „So viele Lösungen habe ich schon gefunden."

Zum Staunen bringen

Wenn die Kinder in die Arbeit mit dem Lerntagebuch eingeführt sind, fragen sie hin und wieder, ob sie auch in der Freiarbeit eigene Aufgaben schreiben dürfen. In solchen Momenten wird das Herz der Lehrerin sicherlich höherschlagen, bestätigt die Motivation der Kinder doch den Nutzen der Lerntagebücher und belohnt den Mut, diese fest in den Unterricht integriert zu haben. Das folgende Beispiel geht auf den eben beschriebenen Lerneifer zurück. Clara zeigt, welche Aufgaben sie Anfang des 2. Schuljahres schon rechnen kann (s. Abb. 97, S. 128).

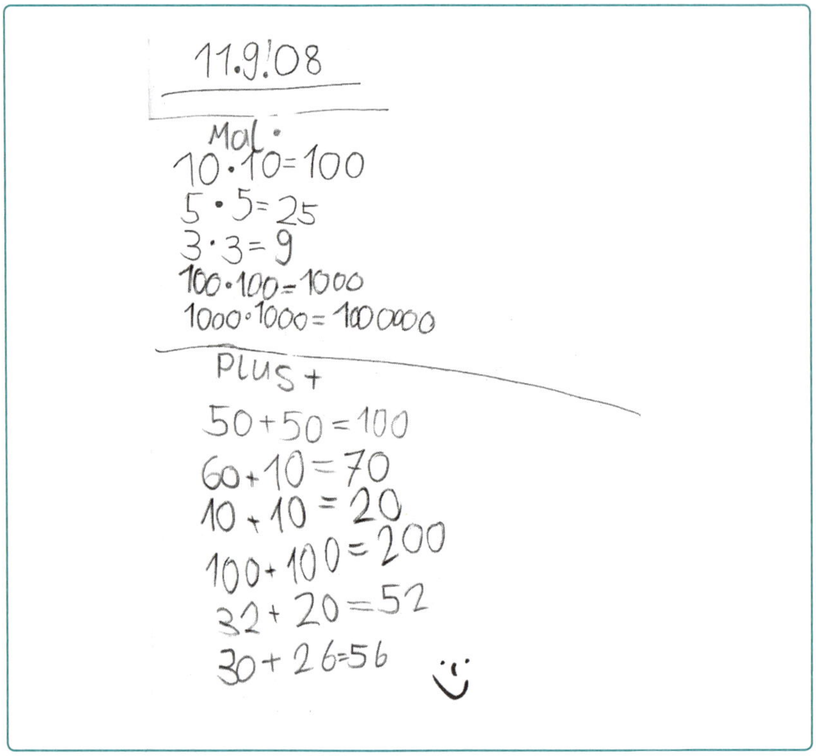

Abb. 97: Clara kann schon schwere Aufgaben rechnen (Anfang 2. Schj.).

6.2 Auswahlkriterien für ein Lerntagebuch

Inzwischen gibt es vorstrukturierte Lerntagebücher, die den Kindern Arbeitsvorschläge machen und ihnen trotzdem genügend Raum für eigene Aufgaben, Erfindungen und Kommentare geben. Hier eine Beispielseite aus dem schon vorstrukturierten Lerntagebuch der „Matheprofis“ (s. auch Kap. 5.2.1):

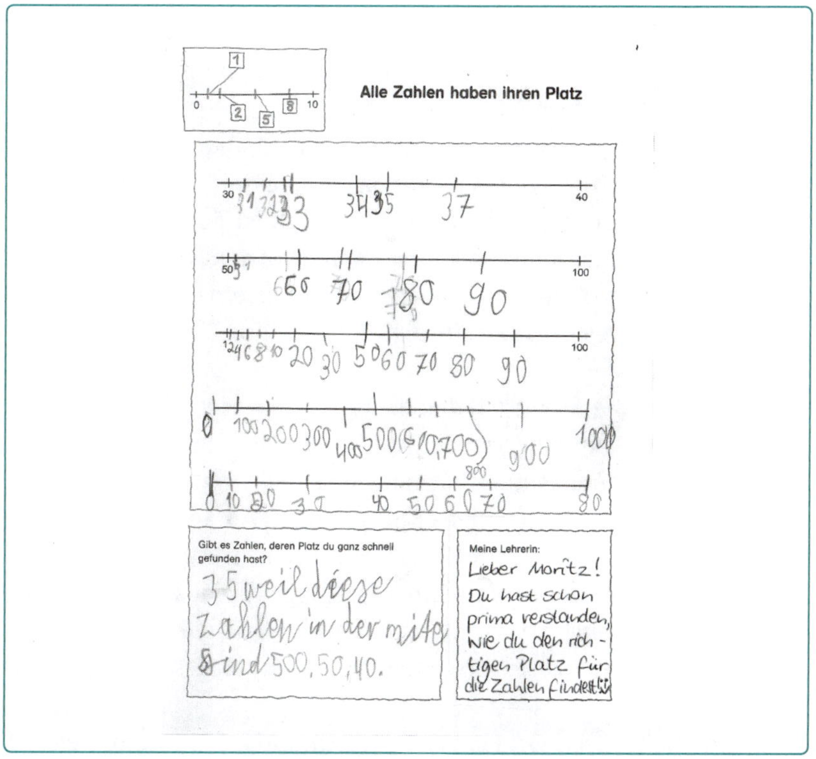

Abb. 98: Ein Beispiel aus „Die Matheprofis 2 – Mein Lerntagebuch" (2. Schj., S. 12; ausgefüllt von Moritz)

Wir selbst haben bisher mit einem Blankobuch gearbeitet. Beide Formen sind auf ein offenes Schulbuchkonzept angewiesen.

Wichtige Fragen, die man sich stellen sollte, bevor man mit einem Blankobuch an die Arbeit geht …

1. Fragen, die sich auf die Funktion des Lerntagebuches beziehen

- Wie viel Raum darf die Arbeit mit dem Lerntagebuch in meinem Unterricht einnehmen?
- Wann sollen die Kinder in das Lerntagebuch schreiben?
- In welchen Fächern möchte ich das Lerntagebuch einsetzen?
- Wie viele Seiten soll das Buch umfassen?
- Kann ich als Lehrerin das Lerntagebuch möglicherweise täglich mit nach Hause nehmen oder soll es prinzipiell in der Schule bleiben?
- Welche Form soll die Rückmeldung haben?

Möchte man konsequent mit dem Lerntagebuch arbeiten, sollte es den Kindern genügend Raum bieten. Ich habe mich daher für ein umfangreiches Exemplar entschieden.

Ein Buch für alle Lernbereiche

Zu Beginn der Grundschulzeit (1. Schuljahr) haben die Kinder fast ausschließlich ihr Lerntagebuch benutzt (andere Hefte kamen zunächst kaum zum Einsatz) – und zwar fächerübergreifend. Für sie sind die Eintragungen zusammenhängende Dokumente auf dem Weg des Lernens. Erst über den Fächerkanon oktroyieren wir ihnen eine künstliche Trennung der Lernbereiche auf – für die Kinder gehören diese Inhalte jedoch zusammen.

Sich Zeit nehmen

Zeitlich kann die Arbeit mit dem Lerntagebuch nicht festgelegt werden, ist sie doch abhängig von der Aufgabenstellung und den Themen des Tages. Erfahrungsgemäß hat man meist zu wenig Zeit im Unterricht, jedoch verhält es sich hier wie im übrigen Alltag: Man muss sich für die wichtigen Dinge Zeit nehmen, d.h. ihnen eine gewisse Priorität einräumen. Denn wenn man Kinder zu Eigenproduktionen anregt, dauert es – im Unterschied zum Ausfüllen vorgefertigter Arbeitsblätter – ein wenig länger, bis sie ihre individuellen Ergebnisse fertiggestellt haben.

Abschließend noch ein Hinweis zum Umfang: Ein umfangreiches, recht schweres Buch birgt für die Lehrerin den Nachteil, dass sie nicht viele Lerntagebücher mit nach Hause nehmen kann, um sie gründlich anzuschauen und zu kommentieren. Andererseits: Leider besitzen dünne Hefte häufig auch dünne Einbände, sodass die Lerntagebücher rasch zu „wandelnden Eselsohrsammlungen“ mutieren. Doch dazu beim Thema „Einband“ mehr.

2. *Papierauswahl*

Im Zusammenhang mit der Papierauswahl stellen sich zunächst folgende Fragen:

- Kariert? – Möchte ich das Buch vor allem für mathematische Inhalte verwenden? Brauchen die Kinder Kästchen?
- Liniert? – Möchte ich das Buch überwiegend für sprachliche Inhalte verwenden? Brauchen die Kinder Linien?
- Blanko? – Können die Kinder auf leeren Blättern schreiben? Welche Vorgaben sind kindgerecht?
- Blattstärke? – Wie dick sollten die Blätter sein, damit alle Kinder gut schreiben können?

Schulanfängern fällt das Schreiben auf dünnem, glattem Papier häufig schwer. Der Stift macht nicht das, was er soll, er rutscht hin und her und das Kind hat Schwierigkeiten, ihn zu führen. Daher hat sich die Auswahl festeren Papiers bewährt. Gerade für Erstklässler hat es den Vorteil, das Schreiben insbesondere am Anfang der Schulzeit zu erleichtern.
Unsere Lerntagebücher beinhalten ausschließlich Blankoseiten, um die Verknüpfung der Fächer gewährleisten zu können. Zusätzlich lernt das Kind, sich die Seite selbst einzuteilen und ist nicht gezwungen, auf Linien oder in kleine Kästchen schreiben zu müssen. Das heißt nicht, dass das Schreiben auf Linien bzw. in Kästchen nicht geübt werden soll – jedoch an anderer Stelle. Meiner Erfahrung nach haben sich die Blankoseiten bewährt und den Kindern die Handhabung erleichtert. Sie bieten ihnen nicht nur Raum für Aufzeichnungen, Rechenwege, Begründungen oder Entdeckungen, sondern ermöglichen es den Kindern auch, Zeichnungen oder Bilder problemlos anzufertigen bzw. einzufügen.

3. Einband

Wie sollten die Blätter des Lerntagebuches eingefasst sein, damit es den Schulalltag (und vielleicht noch mehr) übersteht?

In der Praxis hat sich ein fester Einband bewährt. Wenn die Bücher täglich benutzt werden und durch die Hände der Kinder wandern, im Fach verstaut, zum Austausch auf dem Boden abgelegt und Ergebnisse den anderen Kindern vorgestellt werden, sollte es so robust wie möglich sein. Aber nicht nur im Schulalltag hat sich ein fester Deckel als vorteilhaft erwiesen. Auch die Eltern haben diese Form der Sammlung mit Blick auf Haltbarkeit und Aufbewahrung begrüßt.

Anders als bei einem Portfolio halten die Kinder nach ihrer Grundschulzeit ein eigenes Buch in den Händen, das die gesammelten Lernspuren auf illustrierende Art und Weise wiedergibt und den kindlichen Lernprozess in seiner Reihenfolge als Ganzes abbildet.

Werden einzelne, dünne Hefte geführt, sollten sie an einem „sicheren“ Ort, z.B. in einer Art „Schatzkiste“ o.Ä. aufbewahrt werden, sodass sie dann am Ende der Grundschulzeit zu einem Buch oder zu einer Art Kladde zusammengebunden werden können.

6.3 Praktische Hinweise und Tipps für die Anfangszeit

Bevor die Schülerinnen und Schüler beginnen, ihre Spuren im Lerntagebuch zu verewigen, sollte auf der ersten Seite der Name notiert werden, den das Kind individuell ausgestalten und beispielsweise mit Zeichnungen schmücken kann.

Auch diese Einladung zur „Entdeckungsreise" in die Welt der Wörter und Zahlen wirkt motivierend und ansprechend.

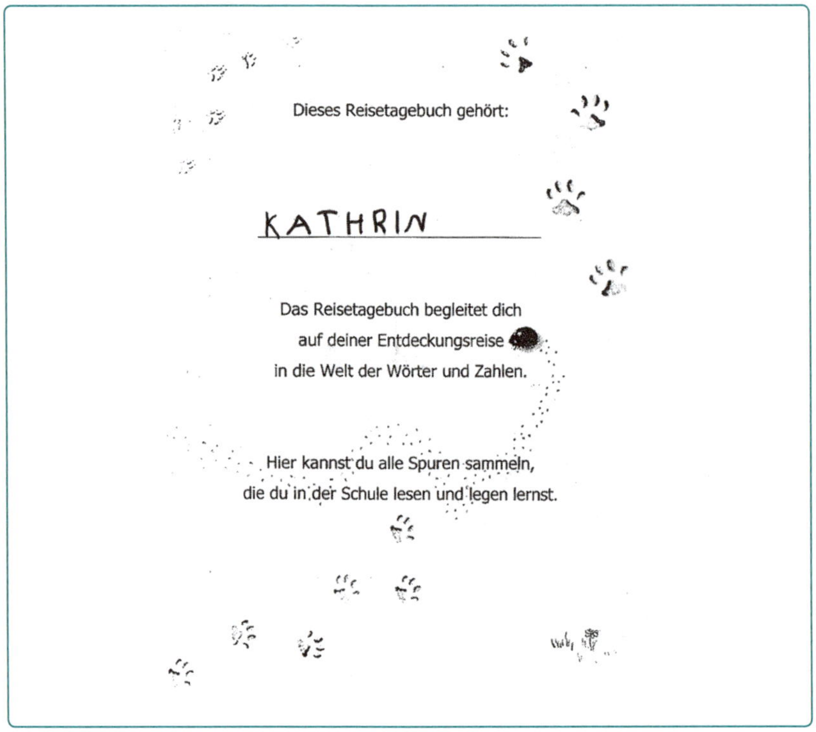

Abb. 99: Kathrins „Auftaktseite" im Lerntagebuch (1. Schj.)

Die Hand als erste Spur in jedem Schuljahr

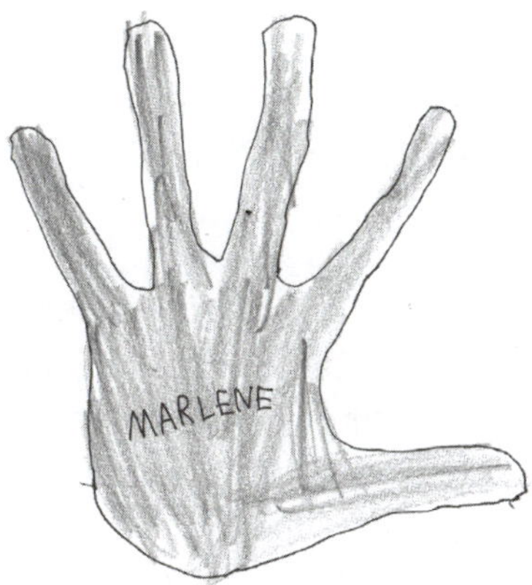

Abb. 100 a: 1. Schuljahr

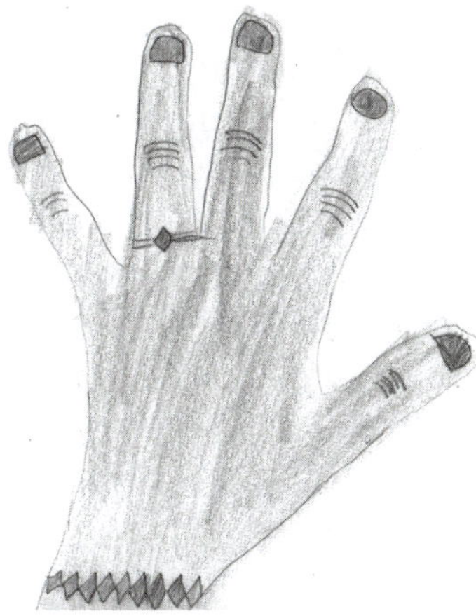

Abb. 100 c: 3. Schuljahr

Abb. 100 b: 2. Schuljahr

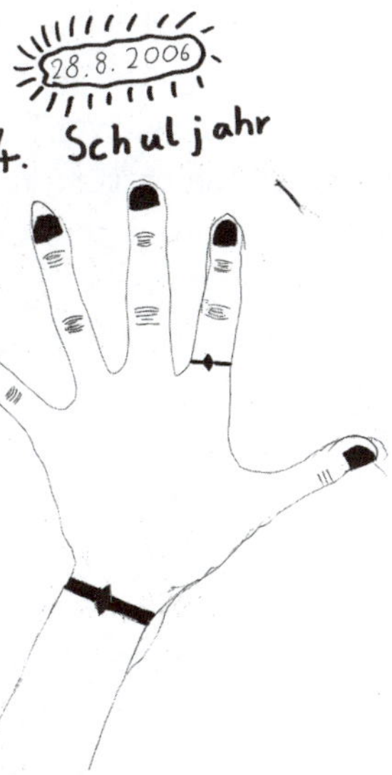

Abb. 100 d: 4. Schuljahr

Damit das „Spuren legen“ den Kinder nicht zu abstrakt erscheint, sondern sich für sie als reale Handlung gestaltet, können sie zu Beginn jedes neuen Schuljahres selbst symbolisch eine erste „Spur legen“, indem sie beispielsweise ihre Hand umfahren und diese mit Namen und Datum versehen.

Das wird von den Kindern gerne als Ritual angenommen. Dabei ist für sie besonders interessant zu prüfen, ob auch die Hand an Umfang gewonnen hat, indem sie die im vorigen Jahr abgebildete Hand überdecken. Bei diesem für sie so handfesten Vergleich gelangen die Kinder nicht nur zu der Erkenntnis, dass ihr Körper wächst, sondern erfahren auch, dass sich ihr Wissen prozessartig weiterentwickelt (hat).

Regeln als Organisationshilfe

Wenn der Anfang gemacht ist, gibt es wichtige Regeln, die bei der Arbeit im Lerntagebuch beachtet werden sollten (s.u.). Damit sich eine chronologische Reihenfolge einstellen kann, sollten die Kinder die Seiten nacheinander bearbeiten bzw. beschreiben. Darüber hinaus sollte jeder Eintrag mit dem Datum versehen werden.

Anfangsschwierigkeiten mit guter Organisation begegnen

Die anfängliche Unterrichtspraxis zeigte mir, dass die Kinder immer wieder daran erinnert werden mussten, die Reihenfolge im Buch einzuhalten und jeden Eintrag mit dem Datum zu beginnen. Dieser Hinweis sollte vor allem bei Schulanfängern regelmäßig erfolgen. Die Seiten in unseren Lerntagebüchern waren unstrukturiert, sodass es den Kindern überlassen war, ihre Ergebnisse in einer selbstgewählten Form anzuordnen. Selbstverständlich brauchen die Kinder auch hier Hilfe und Unterstützung, denn selbst wenn ihnen die Art der Strukturierung teilweise nicht vorgeschrieben wird, müssen sie dennoch ein Gefühl für Ordnung und Übersicht entwickeln. Dadurch wird den Kindern eine gewisse Wertschätzung und Wichtigkeit bezüglich ihrer Ergebnisse vermittelt, was langfristig gesehen dazu führt, das Lernen als einen selbstgesteuerten Prozess zu begreifen. Zunächst dauert es einige Zeit, bis die Kinder dieses Procedere verinnerlicht haben und erfordert seitens der Lehrkraft ein gewisses Maß an Geduld. Diese wird aber belohnt, denn die Kinder werden im Laufe der Zeit immer routinierter.

Regeln für das Lerntagebuch

Schreibe so in dein Lerntagebuch:

- Beginne eine neue Aufgabe immer auf der nächsten freien Seite.
- Versehe jede „Spur“ mit dem Datum.
- Klebe nun den Auftrag ein oder schreibe eine passende Überschrift zu deiner Aufgabe.
- Halte Ordnung in deinem Lerntagebuch.
- Gib dir Mühe bei der Gestaltung der Aufgaben.
- Denke daran, wie du deine guten Ideen zeigen kannst. (Malen, zeichnen, schreiben...)

6.4 Auch Eltern müssen lernen

Wenn Sie sich für einen Unterricht mit Lerntagebüchern entscheiden, sollten Sie die Eltern auf jeden Fall „mit ins Boot holen", d.h. intensive Elternarbeit betreiben. Für gewöhnlich reagieren Eltern auf alles, was sie nicht selbst aus ihrer Schulzeit kennen, erst einmal sehr verunsichert und eher kritisch. Ähnliches ist beispielsweise auch im Zusammenhang mit der Diskussion um „neuere Methoden" des Schriftspracherwerbs zu beobachten.

Viele Eltern sind erst kritisch...

Eines ist jedoch tröstlich und – wie ich finde – sehr motivierend: Am Ende der Grundschulzeit sind alle Eltern restlos begeistert von der Arbeit mit Lerntagebüchern, was häufig in Sätzen wie den folgenden zum Ausdruck kommt: „Eine tolle Erinnerung!" oder „Es ist wunderbar zu sehen, wie viel mein Kind gelernt hat."

...und dann begeistert!

Selbstverständlich können die Arbeiten der Kinder schon früher präsentiert werden – spätestens beim ersten Elterngespräch oder Eltern(kind)sprechtag. Hier können Sie die Lerntagebücher zur Ansicht auslegen oder das betreffende Kind seine Einträge selbst kommentieren bzw. erläutern lassen. Meiner Erfahrung nach zeigen sich die Eltern beeindruckt von den Einträgen im Lerntagebuch und begrüßen die Transparenz der Lernprogression. Umgekehrt lassen sich auch Schwierigkeiten in einzelnen Bereichen leichter nachvollziehen. Denn die Eltern können über die Einträge erkennen, dass sich ihr Kind auch bei einer „falschen" Lösung etwas „gedacht" hat und der „Fehler" nicht selten eine gewisse Logik birgt. Im Laufe des Gesprächs können Eltern, Kind und Lehrerin – ganz konkret an einem Beispiel – in einer ermutigenden und das Selbstvertrauen stärkenden Art und Weise gemeinsam neue Lernschwerpunkte vereinbaren.

Der Lernfortschritt wird deutlich

Nach mehreren Elternabenden und Sprechtagen werden die meisten Eltern diese Art des Lernens angenommen und akzeptiert haben.

Unabhängig davon bleiben die Lerntagebücher ein Medium des Unterrichts und sollten nur im Ausnahmefall mit nach Hause genommen werden. Es gibt immer wieder überaus ehrgeizige Eltern, die die Kinderdokumente verbessern oder überarbeiten wollen. Fehler sollten im Lerntagebuch jedoch sowohl von der Lehrerin als auch von den Eltern nicht korrigiert werden, denn sie enthalten wichtige Hinweise auf die Denkprozesse und die jeweilige Entwicklungsstufe des Kindes.

6.5 Eine „Lerntagebuchkultur“ im Kollegium schaffen

Durch eine Vielzahl ministerieller Vorgaben werden Lehrerinnen und Lehrer in der letzten Zeit vermehrt dazu angehalten, sich gemeinsam „an einen Tisch zu setzen“ und über die Gestaltung des Schullebens und des Unterrichts intensiv ins Gespräch zu kommen. Allein die regelmäßig durchzuführenden Vergleichsarbeiten (VERA) offenbaren die Notwendigkeit einer gemeinsamen Planung, Durchführung und Evaluation des Unterrichts. Unabhängig davon kann die Zusammenarbeit im Kollegium als eine echte Bereicherung für die Weiterentwicklung einer sich an aktuellen Richtlinien und Lehrplänen sowie an didaktisch relevanten Forschungsergebnissen orientierenden Unterrichtspraxis angesehen werden.

Da die Öffnung des Unterrichts und das individuelle Lernen mehr und mehr Einzug in die Grundschulen halten, stellte die Entscheidung meines Kollegiums für ein jahrgangsübergreifendes Arbeiten in Klasse 1 und 2 ein zentrales Moment dar.

Nach der Forderung, den Unterricht durch offene Unterrichtsformen wie Projektarbeit, Wochenplan, Werkstattarbeit usw. zu öffnen, setzte nun auch die Jahrgangsmischung eine stärkere Zusammenarbeit zwischen den einzelnen Lehrerinnen und Lehrern voraus. Absprachen und kollegialer Austausch erhielten mehr Gewicht als im herkömmlichen Unterricht. Neben gegenseitiger Akzeptanz und Wertschätzung im Kollegium sind damit gute Voraussetzungen für eine nachhaltige und effektive Gemeinschaftsarbeit geschaffen. In einem solchen „Schulklima“ können Kollegen voneinander lernen und profitieren. Transparenz des eigenen Unterrichts und der Ergebnisse der Kinder tragen wesentlich dazu bei, Vorbehalte zu überwinden und wecken oft die Lust, neue Wege zu beschreiten und alternative Methoden auszuprobieren.

Als hilfreich erwies sich bei uns die kollegiale Reflexion in kleinen Teams, die regelmäßig durchgeführt wird. Um die weitere Arbeit zu planen, über eventuell aufgetretene Schwierigkeiten zu sprechen und Aufgaben unter den Kolleginnen aufzuteilen, hat sich ein sogenannter „jour fixe“, ein festgelegter Tag bzw. ein wiederkehrender Termin in jeder Woche nach Unterrichtsschluss bewährt. Im Rahmen dessen kann auch über die Arbeit mit dem Lerntagebuch berichtet werden. Das Vorzeigen ausgewählter Schülerdokumente und die Anforderungen der aktuellen Lehrpläne (Kap. 2.3) können in Kombination pädagogisch

Legitimation durch Lehrpläne

überzeugend wirken. Wie bereits erwähnt, wird die Arbeit mit dem Lerntagebuch durch ein offenes Unterrichtswerk (in Mathematik) positiv unterstützt und auch die bereits vorstrukturierten Lerntagebücher können die Arbeit zu Beginn erleichtern.

Zusätzlich besteht die Möglichkeit, die Inhalte der Lerntagebucharbeit in einer Fortbildungsveranstaltung für das gesamte Kollegium zu thematisieren. Mit ein wenig Begeisterung lässt sich ein Kollegium aber auch ganz nebenbei in der Frühstückspause oder zu verschiedenen Gelegenheiten auf die Arbeit mit diesem Unterrichtsmedium neugierig machen. Zudem können kleine Anregungen zum Nachdenken, eventuell auch zum Umdenken bewegen. Dabei ist es völlig normal, dass solche Prozesse Zeit, Geduld und einen langen Atem brauchen. Doch der Erfolg wird alle überzeugen und belohnen. In diesem Sinne wünsche ich Ihnen viel Freude bei der Arbeit mit Lerntagebüchern.

Literaturverzeichnis

E

Easley, Shirley-Dale / Mitchell, Kay (2004): Arbeiten mit Portfolios. Schüler fordern, fördern und fair beurteilen. Mülheim an der Ruhr.

G

Gallin, Peter / Ruf, Urs (1998): Sprache und Mathematik in der Schule. Auf eigenen Wegen zur Fachkompetenz. Illustriert in sechzehn Szenen aus der Biographie von Lernenden. Seelze.

Gallin, Peter / Ruf, Urs (1995): Ich – du – wir. Zürich.

H

Hengartner, Elmar (Hrsg.) (1999): Mit Kindern lernen. Standorte und Denkwege im Mathematikunterricht. Zug.

Hengartner, Elmar u.a. (2006): Lernumgebungen für Rechenschwache bis Hochbegabte. Natürliche Differenzierung im Mathematikunterricht. Zug.

Heske, Hennig (1999): Lerntagebücher im Mathematikunterricht. Ein Baustein zum selbstreflexiven Lernen und zur Teamentwicklung. In: Pädagogik, H. 6, S. 8 – 11.

Hirt, Ueli / Wälti, Beat (2008): Lernumgebungen im Mathematikunterricht. Natürliche Differenzierung für Rechenschwache bis Hochbegabte. Seelze.

K

KMK (2004) (siehe Sekretariat der Ständigen Konferenz der Kultusminister der Länder in der Bundesrepublik Deutschland).

L

Laferi, Andrea/ Laferi, Maren (2007): Mut zur Öffnung – auch im Mathematikunterricht. Pädagogische Leistungskultur im Mathematikunterricht. In: Grundschule aktuell 99 (2007): VERA und die Unterrichtskultur. Frankfurt/Main.

M

Ministerium für Schule und Weiterbildung des Landes Nordrhein-Westfalen (2008): Lehrplan Mathematik für die Grundschulen des Landes Nordrhein-Westfalen. Frechen.

N

Nührenbörger, Marcus/ Pust, Silke (2006): Mit Unterschieden rechnen. Lernumgebungen und Materialien für einen differenzierten Anfangsunterricht Mathematik. Seelze.

P

Peschel, Falko (2002): Offener Unterricht – Idee, Realität, Perspektive und ein praxiserprobtes Konzept zur Diskussion. Teil I: Allgemeindidaktische Überlegungen. Teil II: Fachdidaktische Überlegungen. Baltmannsweiler.

R

Rasch, Renate (2007): Offene Aufgaben für individuelles Lernen im Mathematikunterricht der Grundschule. Seelze.

S

Schütte, Sybille (2004): Mathematik zwischen Offenheit und Lenkung – Zum Verhältnis von Konstruktion und Instruktion bei mathematischen Lernprozessen. In: Esslinger-Hinz, Ilona / Hahn, Heike (Hrsg.): Kompetenzen entwickeln – Unterrichtsqualität in der Grundschule steigern. Baltmannsweiler.

Schütte, Sybille (Hrsg.) (2004): Die Matheprofis. Band 1. München.

Schütte, Sybille (Hrsg.) (2004): Die Matheprofis. Band 2. München.

Schütte, Sybille (Hrsg.) (2005): Die Matheprofis. Band 3. München.

Schütte, Sybille (Hrsg.) (2006): Die Matheprofis. Band 4. München.

Schütte, Sybille (Hrsg.) (2008): Die Matheprofis 4. Lehrermaterialien. Ausgabe D. München.

Schütte, Sybille (2008): Qualität im Mathematikunterricht der Grundschule sichern. München.

Schütte, Sybille (Hrsg.) (2008): Die Matheprofis 1. Lerntagebuch. München.

Schütte, Sybille (Hrsg.) (2008): Die Matheprofis 2. Lerntagebuch. München.

Schütte, Sybille (Hrsg.) (2009): Die Matheprofis 3. Lerntagebuch. München.

Schütte, Sybille (Hrsg.) (2009): Die Matheprofis 4. Lerntagebuch. München.

Schütte, Sybille (Hrsg.) (2010): Die Matheprofis. Karteikarten. München.

Schütte, Sybille (Hrsg.) (2010): Die Matheprofis. Lehrermaterialien extra: Offene Lernangebote. München.

Sekretariat der Ständigen Konferenz der Kultusminister der Länder

in der Bundesrepublik Deutschland (Hrsg.) (2004): Beschlüsse der Kultusministerkonferenz (KMK). Bildungsstandards im Fach Mathematik für den Primarbereich. Bonn. [ONLINE] verfügbar unter: http://www.kmk.org/fileadmin/veroeffentlichungen_beschluesse/2004/2004_10_15-Bildungsstandards-Mathe-Primar.pdf [eingesehen am 16.09.2009].

Selter, Christoph / Sundermann, Beate (2006): Beurteilen und Fördern im Mathematikunterricht. Berlin.

Spiegel, Hartmut / Selter, Christoph (2004): Kinder und Mathematik. Was Erwachsene wissen sollten (2. Auflage). Seelze.

W

Wessel, Sabine (2007): Portfolio in der Grundschule – am Beispiel von Helme Heines „Freunde". Kempen.

Wittmann, Erich Ch. / Müller, Gerhard N. (2004): Das Zahlenbuch 1. Lehrerband. Stuttgart.

Walter, Gerd u.a. (2008): Bildungsstandards für die Grundschule: Mathematik konkret. Berlin.

Notizen

Notizen